大是文化

蹚渾水的理由

前高盛聯合董事長、美國前財政部長
暢銷書《不確定的世界》作者
羅伯特．魯賓 Robert Rubin——著
廖桓偉——譯

前高盛董事長魯賓回憶錄：

沒把握的事，
如何做有把握的決定。

The Yellow Pad

Making Better Decisions in an Uncertain World

獻給我的孫子女們：
伊萊莎（Eliza）、艾莉諾（Eleanor）、亨利（Henry）和米莉（Millie）

唯一確定的事情，就是沒有事情是確定的。
——古羅馬學者／老普林尼（Gaius Plinius Secundus）

不確定的狀態固然使人不悅，但確定的狀態更是荒謬。
——法國哲學家／伏爾泰（Voltaire）

目錄

第9章

當眼前沒有好選擇，就努力找個最不爛的 225

「不選擇」本身就是一種選擇，因為其他選項很快就沒了。在某些情況下，繼續尋求「好」選擇只是白費功夫。你必須承認所有選項都很爛（甚至爛透了），然後努力找一個最不爛的。

第10章

我喜歡問，令人討厭但很重要的「基礎問題」 251

雖然我們不必贊同那些意見，但必須承認它們存在——在某些情況下，我們還要考慮怎麼將它們納入決策因素。問基礎問題，除了能協助我在人權這類領域形成意見，也給了我彈性，讓我能隨著時間，改變或進一步發展這些意見。

推薦序

面對萬物的不確定，我們需要理性決策

國立臺灣師範大學管理研究所教授兼管理學院院長／沈永正

蹚渾水的理由？當我剛接受大是文化的邀請，為本書撰寫序文的時候，書名就引起了我的好奇。是什麼渾水？為什麼要討論要不要蹚渾水？

當我接著讀下去後才了解，這是一本談決策的書。

講得再清楚一點，這是一本談理性決策的書。

決策行為在許多學術領域，都是核心研究議題，包括經濟學、心理學、作業研究（Operation Research）等。其中基本的研究動機，是希望了解人在決策時的機制以及偏誤，並設計出讓人們能做出更佳決策的輔助機制。

在行為決策的研究中，通常重視兩個影響決策品質與結果的變數，一個是外在的決策環境，另一個是決策者內在的特質。例如，在一項投資決策中，影響決策品質及結果的因素，包括投資標的增值潛力的不確定性、金融環境的風險與不確定性、投資者本身的情緒變動，以及投資者的人格特質，對於風險的承受能力等，這些都是影響投資結果的變數。

在這些變數中，投資標的與金融環境的風險和不確定性，屬於外在的因素；而投資者本身的人格特質、情緒，以及風險承受力，則屬於內在環境的因素。透過這些因素彼此間複雜的互動關係，便決定了投資決策的品質，以及投資決策的結果。

白宮、華爾街的關鍵決策，淬煉成魯賓寶貴的經驗

在這本羅伯特・魯賓（Robert Rubin）的回憶錄中，他以自己多年來的工作與生活經驗，提出理性決策的原則。魯賓曾任高盛投資銀行（Goldman Sachs）的董事長，並在比爾・柯林頓（Bill Clinton）政府時期擔任美國財政部長。本書是他長期在重要職務上做出關鍵決策的過往，集結而成的寶貴經驗談。

本書主題聚焦在如何做出理性的決策、增進決策過程的品質，以及決策結果的效益。以本書架構而言，可以用上一段所區分的決策外在環境與內在環境作為主題的綱領。

一開始，魯賓就強調決策環境的不確定性，以及風險對於決策可能產生的影響，也提到個人情緒在面臨重大決策時會如何影響局面，並造成偏誤，由此導出——紀律在理性決策中的重要性。魯賓強調在面臨重大決策時，深思熟慮所有可能的結果與風險發生的機率，才能做出好的決策。

以上所述的內容，是針對決策的外在環境，討論理性決策的重要性，以及做理性決策時需要考慮的外在環境挑戰，與需要克服的困難。

接著，魯賓討論了管理者的人格特質對決策以及組織效能的影響。成功的管理與成功的人生，除了運氣很重要之外，永不放棄的努力、清晰的頭腦與判斷力、求知若渴的態度、忠於自我、培養溝通的能力，都是管理者作出成功決策必要的條件。

在管理者的人格特質方面，則需要去除意識形態標籤、接納和自己不同的意見，並在適當的時機做出適當的妥協，這些都是內在決策環境對理性決策的影響。

在討論理性決策時，魯賓也強調目標導向決策的重要性。唯有時時檢視目前的行動與最終目標間的關係，才能專注於集中資源以達成目標。此外，魯賓也強調分辨決策過程與結果的不同。決策的訓練重點，在於增進決策過程的品質；而對於決策的結果而言，因為牽涉到許多外在環境的不確定性及風險，很難保證好的決策過程一定會導致好的結果。理性決策的關鍵，在於理性的決策過程。長期而言，理性的決策過程，也將能提升決策的整體品質。

如上所述，理性的決策同時受到外在與內在決策環境的影響，而魯賓提出的原則，則能增進決策的整體品質。

理性決策的價值——全人類的命運，都仰賴於此

在日常生活中，我們都面臨各式各樣的決策，有些日常決策可能無足輕重，有些卻影響深遠。同時，不只個人的決策需要理性的判斷，團體的決策更牽涉到許多公眾利益，理性的判斷更為重要。

近年來的國際情勢，正面臨可能自二戰以來最劇烈的變化。新冠病毒的大規模傳染，似乎預示著人類將進入新的歷史階段；中美競爭、俄烏戰爭，乃至於臺海危機，二十一世紀的國際政治與軍事，逐漸進入另一個不確定性越來越高的時代。

雪上加霜的是，除了公共衛生和國際關係問題外，全球暖化導致的氣候異常，連帶使得野火、地震、火山運動與暴雨水災等頻仍發生，使得聯合國祕書長安東尼歐・古特瑞斯（Antonio Guterres）稱全球暖化的時代已然結束，取而代之的是全球沸騰（Global boiling）的時代。科學家認為二〇二三年七月，已創下地球十二萬年來最炎熱的單月紀錄。在這些多重因素的複雜交互作用中，人類社會的未來似乎更加的不確定了。

然而，在處理這些高度複雜的議題時，更仰賴決策者做出理性的決策。無論是政治、金融、軍事、公共衛生，還是氣候變遷議題，都需要決策者做出一連串重要的決策，以有效解決問題。

正如魯賓在書中強調的，理性客觀的決策，要求決策者考慮眾多的影響因素，決策環境的不確定性與風險，以及各個選項可能導致的結果，來設定最佳的決策方案。此外，決策者本身的個人特質，也可能影響其所採取的決策。例如團體決策的模式，將更有機會消弭個別決策者特質對決策的影響。

因此，魯賓在書中所提到的決策原則，在這個日趨動盪的大時代中，更能凸顯其時代的意義與價值。這是一本從管理階層到升斗小民，都值得細細品讀的作品。相信透過魯賓分享的人生觀點，讀者將能從不同的角度，結合自己的經驗，從中獲得非凡的益處。

魯賓生平大事紀

年分	事件
一九三八年	出生於紐約。
一九四七年	隨家人移居邁阿密。
一九五六年	進入哈佛大學求學。
一九五七年	初識哲學教授拉斐爾・德摩斯（Raphael Demos）。
一九六〇年	自哈佛大學畢業，獲得經濟學學位。 錄取哈佛大學法學院，選擇輟學一年。
一九六一年	進入耶魯大學法學院就讀。
一九六四年	自耶魯大學法學院畢業，獲得法律學學位。
一九六六年	加入高盛投資銀行風險套利部門。
一九七〇年	成為高盛合夥人。
一九七五年	升任風險套利部門負責人。

（續下頁）

一九八〇年	因為利率調整，風險套利部門賠光了高盛一年的收入。 升任高盛管理階層。
一九八七年	高盛合夥人同事遭控參與內線交易，並被逮捕。
一九九〇年	升任高盛聯合董事長。
一九九三年	出任美國國家經濟委員會首屆主席。
一九九五年	出任美國財政部長。 美國金援墨西哥債務危機。 美國政府三十年來首次達成預算平衡。
一九九八年	美國政府三十年來首次達成預算盈餘。 美國金援俄羅斯。
一九九九年	卸任財政部長。 加入花旗集團擔任高級顧問。
二〇〇三年	首次出版回憶錄《不確定的世界》。
二〇〇七年	次級房貸風暴爆發，隨之引爆全球金融海嘯。
二〇一三年	加入人權委員會。
二〇一八年	發表關於德摩斯教授與不確定性哲學的散文，成為《紐約時報》網站史上最受歡迎文章。
二〇二三年	出版本書《蹚渾水的理由》。

引言

我的一生，都在成本與效益間權衡

自從我從事行銷、商業、政府與政治活動以來，已經過了五十年。多虧了各種因素（包括不少的運氣），我得以認識當代許多令人矚目的重要人物、並與他們共事。那些年，我參與過的決策，已經影響了數百萬人，有時甚至是數億人。

如今，當人們問我，是什麼知識足以讓我為這種生活做好準備，他們往往以為我會回答一門財務、經濟或政治科學課程。

但其實我在大學修過的課程中，對我影響最深的是哲學導論。

那門課的教授名叫拉斐爾・德摩斯。我對他仍記憶猶新：一頭白髮、身材矮小的和藹男性，他總是站在講臺上，用一個倒過來的廢紙簍當作講桌，對整間教室裡求知若渴的學生們講課。

這世界唯一確定的事：所有事都不確定

讓我們回到整件事的一年前，也就是一九五六年，彼時我來到哈佛大學就讀，學業上的種種真令我應接不暇。我的同學們都來自嚴格的私立學校，我卻是佛羅里達一間公立學校的畢業生，當時的父母鮮少會送小孩去北方的名校就讀。不過，在學業成績不如許多同學的情況下進哈佛念書，其實是有好處的，它迫使我思考許多從來沒考慮過的事。而且，我剛開始修哲學這門課的時候，更是被激烈的挑戰關於這個世界的各種假設。

德摩斯身為哈佛自然宗教、道德哲學、公民政體教授，是一位古典學者。我們在課堂上讀了柏拉圖（Plato）與其他許多偉大的哲學家作品，但我漸漸發現，德摩斯教授不只是在傳授書籍或專著的內容，而是在教我們如何思考「思想」這件事。我開始認為他的潛在目標（整個課程的主題）主要是想向學生展示一件事：**沒有任何事情是可以用絕對的觀念去證實的**。他帶著我們從偉大思想家的觀點，看過一個接一個的主張，讓我們知道，我們不可能斬釘截鐵的證明這些論點。

這種對於「不確定性」的定義，是我從來沒想過的。我當然知道那種不確定該做什麼事的感覺；我也知道地緣政治條件和個人情境可以不確定性來形容。但我從沒真正思考過「每件事都不確定」的可能性——**預測、結果或主張都有各種程度的機率，但它永遠都不會是百分之百**。我發現，這正是德摩斯教授課程的最大重點。

你可能會覺得德摩斯教授的觀點——「沒有事情能夠被絕對證明」有些憤世嫉俗或虛無主義的味道。但其實剛好相反，他就跟他研究的哲學家一樣，善用機會，試著把事情弄清楚。他告訴我們，藉由批判性思考，我們就能在充滿挑戰的世界中走出一條路，同時完全擁抱它的複雜度。

老傢伙憶當年，竟成為《紐約時報》網站史上最受歡迎文章

我的人生中已有數次，在寫作時參考了德摩斯教授的說法。但在二〇一八年，我大學畢業五十八年後，我坐下來寫了一篇散文，專門談論這門課對我人生產生的影響有多麼深刻。

我覺得這篇文章應該不會太冗長，而且老實說，感興趣的人也不會太多。畢竟它不是在談公共政策、財經或其他我常書寫的議題。當我決定發表文章的時候，我最先想到的是投稿給《哈佛緋紅報》（*Harvard Crimson*），這是由學生經營的刊物，其辦公室與我第一次上德摩斯教授課程的教室距離不遠。

我的朋友德魯．福斯特（Drew Faust），當時的哈佛校長，鼓勵我嘗試觸及更多讀者，但我很懷疑這麼做的成效。我並不認為有任何報紙會刊登這篇文章，或者有多少人在乎它。所以當《紐約時報》（*The New York Times*）來信表示他們會刊登時，我真的受寵若驚。

然而，文章刊登後發生的事情更是令我驚訝。我的散文成為截至目前為止，閱讀次數最多的社論對頁版文章[1]。它至今依舊是《紐約時報》網站史上最受歡迎的文章，而且不僅限於評論專欄分類，這篇文章贏過了該網站上所有的報導。我因此收到的信件回覆，遠比我之

1　編按：Opposite the editorial page，常被簡稱 op-ed，是一種源自美國報紙的新聞出版用語，意指由社外人士所撰寫、刊登在報紙或雜誌上的評述性質文章。

前任何一篇文章都多了好幾倍。

我得承認，我平常談的主題（如刑事司法改革的經濟學、保留子女稅收抵免的重要性、財政與貨幣政策等）對大眾而言沒什麼吸引力。但我沒想到的是，某個老先生回憶他最喜歡的大學課程的文章——那時甚至還是艾森豪總統的時代（Dwight D. Eisenhower，一九五三～一九六一年任美國總統），居然會有這麼多人想看。

接下來的日子裡，該文的迴響令我十分滿足，而且，我非常高興有這麼多讀者覺得它很實用，或者與他們的生活息息相關。但我也很好奇。為什麼這些沒聽說過拉斐爾．德摩斯課程的人們（更別說上過他的課了），會有如此反應？

我最後得出一個結論：雖然我表面上寫的是在我生涯的某個時刻，由某位教授為我上過的一門課，但我事實上也在探討一個問題，無論是在從政期間或私人生活，它都是我人生與職涯的思考重心。那就是——**在這個複雜度與不確定性極高的世界中，一個人該怎麼盡可能深入理解手上的議題、並做出最佳決策，尤其在那些風險極高的時候？**

數十年來，我已經用各種方式面對過這個問題。這也是為什麼我在卸任美國財政部長後不久寫的第一本書，其書名要叫做《不確定的世界》（*In an Uncertain World*）。但真相是，與那本書問世的二〇〇三年[2]相比，如今的世界更加的不確定。

這並不是在說，我們過去二十年來，在各種重要方面都沒有巨大的進步。全球有數千萬人已經脫離貧窮；各式各樣劃時代的新科技已重塑了我們的生活與工作方式；藥物對於肝炎與愛滋病等疾病的治療已取得重大進展，而且在新冠肺炎爆發後不到一年，人類就已經研發出疫苗。這些都是相當了不起的成就。

我們也見證了重要的文化發展。在我的生涯大部分時間中，許多有才華的人都因為不是白人男性，而失去了大展身手的機會。我們仍須努力改變這個情況——而這將是複雜的挑戰。不過近數十年來，我們已有了真正的進步，讓更多人有機會一展長才，不論他／她的性別、性傾向、種族或民族。這對於我們整個社會、以及我們的經濟來說，都至關重要。

儘管我們有了真正的進步，仍有一種普遍的感覺是，我們社會的基礎比以往都更不穩定。雖然美國近年來已有一些顯著的立法成就，但政治面的動盪與失能，不但沒有改善，反而還更加惡化。二十一世紀，我們已遭受一連串的打擊：我這輩子遇過最嚴重的全球經濟衰退；顛覆社會各個方面的全球流行疾病；美國國會大廈遭受攻擊，因為某人企圖擾亂並阻止二〇二〇年總統大選結果的認證；歐洲發生戰爭，第二次世界大戰以來的世界秩序很可能將因此瓦解。

與此同時，雖然全球化與科技發展在各方面都使消費者與生產者受益，但它們也威脅到工作機會與平均薪資。在美國與世界各地，許多人的收入都在衰退，收入不均的現象正在擴大。美國的民主政治，無論在國內外都面臨空前的威脅。氣候變遷的影響早已病入膏肓，而且很有可能在短期與中期的未來內更加惡化，長期下來極可能威脅到許多生命。而讓新冠肺

2 編按：該書繁體中文版於二〇〇四年底於臺灣出版。

炎傳遍世界的條件，很可能將導致全新的全球流行病，我們甚至依舊能感受到前者帶來的影響……再講下去就講不完了。

我所屬的團隊應付過許多巨大的挑戰，不論在白宮、高盛銀行（Goldman Sachs）、花旗銀行（Citibank）、美國財政部或其他地方。但我相信我的兒女與孫子女那一代所面臨的威脅，將會比我這一代複雜得多（也嚴重得多）。與此同時，在我的時代，可以幫忙處理那些威脅的國內與跨國政治體系，將在他們的時代變得更加失能。我們的世界一直都不確定，但現在又比以前更加不確定。

或許最令人擔心的是，現今有許多年輕人，已經不記得以前曾有一段時光，那時的和平與繁榮是如此堅若磐石。在比爾・柯林頓（一九九三～二〇〇一年任美國總統）執政期間，美國經濟體獲得了兩千兩百五十萬個工作機會；貧窮人口減少了七百萬人；美國人民無論處於何種經濟狀況，收入都有所成長，其中又以收入最低的二〇%人口收入成長比例最大；二十九年來，聯邦政府首次在年底盈餘，而不是虧損。這一切都是由美國與其他民主政體所領導的國際制度撐起，而它似乎還有龐大的能耐，讓世界各地都更加穩定。

一九九九年二月，我**卸任的幾個月之前，根據蓋洛普民調（Gallup），有七一%的美國人對國家現況感到滿意——有史以來的最高紀錄**，如今真是難以想像（在我寫這本書時，感到滿意的比例只剩二一%）。

陳年議題再次引起爭論，挺好的

根據我的經驗，當局勢一帆風順，政府官員獲得的名聲往往都會過譽。但我也知道，我們在一九九〇年代共享的成功，是明智的決策所導致的。我很擔心在全球發生巨大變化、動盪，與危機的此刻，在我們蹣跚度過一個又一個劫難後，許多美國人都無法回想起經濟繁榮、民眾對國家未來普遍樂觀的時期。

也因為這樣，我並不意外那些曾被蓋棺論定的爭議，現在又被拉上了檯面：民主政體是最佳的政體嗎？它會長久、持續的存在嗎？資本主義有用嗎？它能同時刺激經濟成長，與讓我們普遍保有足夠的生活水平嗎？商業在社會中扮演什麼角色？自由表達與公開交換看法有多麼重要？政府負債是個問題嗎？我在二十一世紀到來之際離開美國財政部，當時來自全球、橫跨整個政治光譜的領袖們，都認為自己已回答了這些問題，但如今，舊的爭議又再度爆發。

我這個世代的人，或許會覺得曾經平息的爭議重新成為焦點，並不是一件好事。但我並不這麼認為。我總是相信，達到明智結論的最佳方式，就是自由交換彼此的看法；而當有人提出你強烈不同意的想法時，最好的做法，就是試著了解他們為什麼這麼想。

多虧了與許多意見不合的人促膝長談，我的思維在過去二十年來有了顯著的改變。比方說，我曾經認為只要所有社會部門都經歷到經濟成長，收入不均本身就不會是個威脅。但我現在認為，收入不均即使伴隨著大規模的成長，對我們的社會依舊有負面的效果。另一個例子則是氣候變遷。我很早以前就覺得它是嚴重的問題，但後來才知道它的急迫性與嚴重程度足以攸關人類存亡。隨著我的看法改變，我就能夠以二十年前無法想像的角度，來探討這些與其他的議題。

不過在其他情況下，我的觀點依舊沒變。最近越來越多人深信預算赤字並不嚴重，但我則持相反的看法。而且雖然右翼人士重視經濟成長、左翼人士重視整體生活水平與縮小貧富差距，我還是認為這些優先事項是互相依存的。最後，雖然我一輩子都是民主黨員，而且我大致上認同本黨大方向的政策目標（藉由對富裕的個人或公司增稅，替公共計畫募資；對抗氣候變遷；擴大社會安全網等），但我也不會無條件支持為達成目標不擇手段的解決方案。

無論最終人們會得出什麼結論，我還是認為重新探討舊有的重大議題是件好事，尤其當時光流逝、局勢改變之時。我一直都很贊同挑戰假設與質疑各種立場——即使當那些被質疑的立場存在已久。這在面臨巨大危機的此刻又尤其正確，如果我們要應付現今觀念上的巨大衝突，並挺身面對挑戰，就必須具備真誠開放的心態、嚴肅的目標，以及正直的智慧。

兩極化的解答，結果都滿糟

但可惜的是，雖然如今的爭議處於白熱化，但它們通常都沒什麼建設性。我認為它們缺乏兩個部分。

第一，我們必須具備有效的框架來思考「思想」這件事——這種看待世界的態度，既承認其複雜度與不確定性，又能幫我們盡可能做出最佳決策。第二，雖然民主政治一直都很雜亂無章、效率低下，而且政治人物總會將選票作為首要考量之一，但我們還是需要民選官員（以及社會各界的領袖），致力於事實與分析，同時整合黨派、政策與智慧上的分歧。

如果我們無法處理這兩件重要的事，我們做出明智決策的集體能力將會越來越差、離好轉越來越遠。複雜度與不確定性逐漸增加所產生的壓力，不只商業、政治與政府領袖會感受到，新冠肺炎疫情就充分說明了這一點。在其他許多影響中，這種流行病強迫我們成為高風險決策者：計算風險、考慮多種後果，並以不齊全的資訊做出決策。難怪有許多人會覺得不知所措。

但我擔心的是，面對如此動盪的不確定性，有太多人（與太多機構）急著提出絕對且簡明的答案。我們已經看到越來越多顯赫的領袖，承諾簡單的解決方案，而不是對我們所面對的挑戰，做出真實、細膩、嚴肅的完整評估。

「我們或他們」的兩極化思想（不只存在華盛頓特區[3]，而是在所有美國人的生活中），讓我們更無法面對重大的政策挑戰、無法相互忍讓，而且越來越害怕、越不願意與別人討論重要議題。**我們每個人似乎都越來越受困於兩個壞選項之間，威脅的複雜度讓我們的幾近癱瘓**。或者，**我們甚至會忽略這種複雜性，改採絕對與過度簡化的態度，結果做出糟糕**

[3] 編按：Washington, D.C.，美國首都與聯邦政府所在地。

的決策。

這讓我想到在德摩斯教授課堂上，學到最重要的一課：總是有更好的方法。回首過去，雖然我在性格與心理上都很適合面對決策中固有的複雜度與不確定性，卻是我的哲學入門課（從大學、國外研究所一直到法學院期間，廣泛且充滿智慧的深夜討論）為我建立了基礎，並產生一套更深思熟慮的方式應付複雜的世界，這可不是靠我自己就能發展出來的。

更有意思的是，我認為無論是否天生就能適應各種不確定性，你都不需要依賴過度簡化的立場，或不切實際的「絕對真相」概念。正如拉斐爾．德摩斯所示範的，任何人都能以深思熟慮的態度應付複雜的概念，而且所有人都應該這麼做。

當然，就算再怎麼深思熟慮，都無法保證你的選擇會照著你的預期或希望發展。我們所有人都必定會判斷錯誤，而且明智的決策通常也不保證會有正面的結果。但我們可以用周延且嚴謹的方式來處理問題（即使這些問題既複雜又困難），藉此提高成功率。

世上沒有完美答案，只有可能的最佳選擇

簡單來說，我們可以在世界中找到方向，即使風險很高、結果不確定，這就是我花了一輩子想要做好的事。沒有完美的方式能夠與不確定性共存，但本書呈現了我的方法，我自己用了好幾十年，效果還不錯，而我希望它對別人來說也很實用。**本書也應用這個方式來處理美國的重大政策議題、投資與管理議題，以及人生中不可避免的壓力與高低潮。**

我用來理解複雜議題的方法，其基礎是「機率性思考」，而機率性思考的本質便是：若沒有事情是絕對確定的，則觀點只能以機率來表達。無論生活、市場或政府方面，**我的目標從來就不是選擇「正確」的途徑**——這種概念有些過於絕對。我反而會考慮各種可能的後果、評估每個後果的機率、權衡成本效益，接著做出我認為最可能導致最佳結果的選擇。

我從年輕時開始利用機率性思考，當時它比較不普遍，但現在似乎更加廣為人知。你會經常聽到人們在各種場合上讚美它的優點，有許多線上文章和指南都是寫給「準」機率性思考者看的，此外還有一些影響力極大的書籍，像是《快思慢想》（*Thinking, Fast and Slow*）和《高勝算決策》（*Thinking in Bets*），這些都能幫助人們更詳細的審視並改善他們的思考方式。在某些情況下（如職業運動分析、數據驅動的政治報導等），機率方面的討論已然是主流話題之一。

但根據我的經驗，真正以機率思考的人還是很少。有些人不明白決策的重點就是機率；有些人明白機率的重要性，卻無法內化。原因我覺得很簡單——以機率思考（知道沒有完美的答案，並以正直的智慧來決策）是十分困難的。承認事物的複雜度與不確定性會使人感到不安，此乃人類的天性。

況且，嚴謹評估機率是一種紀律。它需要不少時間、投入許多精力與意願，接受事實與結論可能與你最初的想法相左，還需要心理層面的能力，知道無論你的決策有多麼深思熟慮，結果都可能不會如人願。人類很容易被複雜度嚇到手足無措，也很容易忽略複雜度而一心尋求簡單的答案。但如果想以機率性的方式思考（盡力應付複雜度，再基於不完整的資訊做出結論），你就必須透過不懈的努力與實作來學習。

所有選擇都是成本與效益的權衡

在我生涯的前幾十年，我發現當我以機率分析世界時，有一個工具是不可或缺的：一本黃頁筆記簿。我會在其中一個直欄手寫所有可能結果，然後在另一欄寫下每個結果的預估機率。當我從事市場分析時，潛在結果一般都是以美元來表達，所以我能夠將可能結果乘以它的機率，再將數字加總起來，找出經濟學家所謂的決策「期望值」。接著，就可以選擇總和最高的行動方針。

在某些情況下，期望值比較難以量化。例如政策成果的成本與效益，就不一定能用美元或美分來表達。但就算在這種情況下，黃頁筆記依然能夠當作有用的工具，用來比較不同的行動方針和潛在結果，因為你可以將非量化因素納入分析。也因此，黃頁筆記可不只能用來計算美元和美分而已。

「成本」與「效益」的權衡，可能大部分都取決於一個人的道德信念。兩個人可能會做出近似的機率與結果評估，卻是因為不同的概念而做出截然不同的選擇。但就算如此，黃頁筆記還是很實用，因為它給人們一種平衡不同信念與選擇優先順序的方法（兩者會有所衝突），以及通用的框架，讓你跟信念相左的人一起分析決策。換句話說，黃頁筆記不只是一種計算方法。它是我表達個人決策哲學——有許多方面都始於德摩斯教授的課程——並將其應用於現實世界挑戰的方式。

近年來，我的黃頁筆記簿已經常被 iPad 所取代。這種黃頁筆記已經是象徵性的、而非字面上的意思，因為隨著我計算結果與機率的經驗越來越多，我就越能夠只靠腦袋計算，但思考方式依然不變。而且，當我遇到非常重大的議題時，我還是會寫下想法，並盡可能以數字表達它們，這樣我的思考就能更嚴謹，也更加準確。

我也發現，**只要鼓勵別人以數字思考，就能協助澄清議題，並改善決策與爭議的本質。如果有人告訴我，他們覺得某件事很可能會發生（例如明年經濟會大幅成長），我通常都會請他們附上數字**（機率多少？成長率多少？）。

而黃頁筆記的作用之一，在於其結合了簡單與複雜兩種面向。一方面，建立你的期望值表格只需要兩行直欄——第一行是潛在結果，第二行是對應的機率——而且只需要相當簡單的計算即可得出。

另一方面，為了決定如何建構這兩行直欄，你必須思考極為困難的問題。比方說，你該怎麼列出符合現實的可能結果？該怎麼判斷機率？當優先順序衝突時，該怎麼權衡？還有，該怎麼應付無法以數字表達的情境？

我對這些問題的答案，也就是我對「思想」的思考方式，且將這套方法應用於大大小小的挑戰，就是本書的核心。

蹚這渾水的理由：面對未來，我們需要理智判斷

在某些時候，我會描述如何將這種方法應用在日常生活中——尤其是思考個人投資。雖然我花了一輩子在市場上做出投資決策，但我從來就不是個人理財專家，也不想讓人以為我有任何成功祕訣（就我看來，這種東西根本就不存在）。但我會討論我的投資方法，提供重要且實際的例子，並說明我的決策哲學如何在現實世界運作，以及別人如何運用它。

在本書中，我回顧了數年前或數十年前的各個時刻與經驗，它們幫助我發展出了這種黃頁筆記的決策方法。我也會描述一些曾經做過的決策，其中有成功、也有失敗，但這些經驗都幫助了我改善這套方法。我做這些事情的最終目的，即是要放眼未來，讓大家知道，將這套方法應用在現今最迫切的社會挑戰時，會是什麼樣子。

作為這些討論的一部分，我會針對各個主題發表自己的看法。但這並非因為我相信自己的結論肯定正確。很有可能你遇到同樣的議題、用了同樣的流程，卻導致不同的結果。**我的目標並非平息爭議，而是提供框架以產生更好的爭議**——這種爭議更可能讓決策者找到最佳的行動方針。

德摩斯教授對我的人生與職涯有著深遠的影響，但奇怪的是，我從來沒真正跟他說過話。身為學生，我只是課堂內的上百張年輕面孔之一，我聽進他每一個字，卻從來沒在上班時間找過他，或在課後接觸他。一九六八年，在我上過他的課十幾年後，在雅典教了一年書的他搭船返回美國故鄉，卻在船上心臟病發作。他過世時七十六歲。要是我有機會感謝他就

好了。

因此，這本書算是對他聊表感激之意。對我而言，紀念拉斐爾・德摩斯的最佳方式，就是傳承，或至少清楚表達他對於思考「思想」的熱情，而他就想將這股熱情灌輸給我以及許多學生。就我看來，他所謂的理智和合理性，放在今日會比過往那些年頭還要強大，我們比以往更迫切的需要明智的判斷。

不過，無論判斷明智與否，一切都不會是確定的。

第 1 章

面對極端破壞，經驗值沒用

一群人齊聚一堂，能幫助我們確保沒有忽視任何潛在的機會或挑戰，並能將所有因素都攤開來談。即使人們不同意最終的行動方針，他們還是會感覺自己有被納入決策流程。

這張邀請函寫在一張三孔橫線紙上。筆跡相當整齊，每個字母都一樣高，署名為「夏迪德・華勒斯—史戴普特」（Shadeed Wallace-Stepter）。

「我知道您很忙。但如果您有時間，我想正式邀請您來一趟聖昆丁[1]。」上面寫道。

結果，我就在一間加州州立監獄演講了。

我一生中走進過無數令人生畏的建築物，包括白宮、美國國會大廈、華爾街的銀行，以及數個大企業的總部。不過，拜訪聖昆丁的感覺還是很不一樣。這座監獄是一座巨大的石頭堡壘，裡頭關著美國這幾年來最惡名昭彰的人物。除了阿爾卡特拉斯島[2]（Alcatraz Island）之外，聖昆丁比其他地方都更能代表美國監獄。任何人前來此地，必定會感受到這棟建築物的重大象徵意義。

在我們抵達之前，有人告訴我和我太太茱蒂（Judy）可以穿什麼顏色的衣服——不同類型的人要穿不一樣的顏色，以便辨識身分。抵達監獄大門時，我們把口袋清空，穿著綠色制服的警衛檢查我們是否攜帶武器，接著我們被帶到一個大房間，裡面坐滿了穿著藍褲子、藍襯衫的囚犯。

在有人介紹過我之後（我走上講臺時啞口無言，還是茱蒂提醒我開口的），我開始對著一整個房間的重刑犯演講，他們的罪行包括謀殺、毒品交易、武裝搶劫等。

我必須承認，起初我不確定答應這個邀約是不是個好主意。

用理智取代本能反應，多數人都做不到

就道德層面來說，對著罪犯演講並不會使我困擾。我堅信我們皆非完人，這種看法加上我不喜歡把事情想得太絕對，意味著我雖然會區分個人行為的好壞，但不會輕易的把人區分成好人跟壞人。有些人對別人造成嚴重、甚至可怕的傷害，而我認為社會的重要功能之一，就是保護民眾，並適當懲罰那些觸犯法律的人。但同時，我也相信律師兼社運人士布萊恩・史蒂文森（Bryan Stevenson），替數十位死刑犯辯護時寫下的一句了不起的話：「我們每一個人，都無法用我們所做過最糟的事來定義。（Each of us is more than the worst thing we've ever done.）」

在聖昆丁演講，我擔心的不是聽眾，而是我自己。我擔心我的故事無法引起他們的注意。墨西哥的債務危機，或者從投資銀行風險套利部門學到的教訓，要怎麼引起囚犯的興趣呢？我在華爾街或財政部面對的挑戰，跟他們經歷的掙扎有什麼關係？我怕我的經驗對他們來說可能會太陌生——他們也許會覺得這些並不重要，或甚至更糟，覺得很煩，彷彿我硬把自己的經驗與他們的連結。

1 編按：聖昆丁州立監獄（San Quentin State Prison），為加州最古老，也是唯一關押男性死刑犯的監獄。

2 編按：阿爾卡特拉斯島聯邦監獄，又稱「惡魔島聯邦監獄」，現已關閉，並轉型為博物館。

在我拜訪監獄前幾週，有一通電話改變了我的想法，這通電話是活動策劃人迪莉婭．科恩（Delia Cohen）安排的。夏迪德，也就是寫信邀請我的人（別名「小夏」〔Sha〕），加入我們的討論，此外還有其他幾位囚犯。我們的對話持續了一小時又二十分鐘，我寫了五頁筆記。當我們談話的時候，我明白了一件事。我這輩子曾經花時間與許多不同類型的人相處，但我很少遇到一群人，既深思熟慮又懂得自省，願意接受並應付事物的複雜程度，就像彼時電話對面那群人一樣。

最令人印象深刻的是，這些人對於自己犯下的罪行都非常坦率，而且他們也深入考慮過他們行為帶來的後果。我尤其震驚的是，有一個人分析了導致自己現況的決策、描述他所學到的事情，以及他希望未來如何做出不同的行為。

「我們不應該本能反應，」他說：「我們應該理智回應。」

他詳細解釋道，「本能反應」是在一瞬間的情緒衝動之下做出的決策；另一方面，「理智回應」就牽涉到思考與耐心。它需要退一步來考量局面，以及行動的潛在後果。

這個提到本能反應與理智回應的男子（他因為謀殺罪而坐了非常久的牢），弄懂了一件無數的政策制定者、投資人與執行長都沒搞懂的事。如果我們想要在人生、經濟、國家與刑事司法體系等方面做出更好的選擇，我認為，他在電話上提供的做法就是最棒的——**我們不應該靠本能反應，應該用理智回應。**

面對極端破壞，經驗通常沒幫助

柯林頓執政時的白宮，有一位年輕的演講稿撰寫人，名叫強納森・普林斯（Jonathan Prince）。他非常聰明、具備罕見的能力，他能夠把問題思考透澈並表達解決方案。強納森的見解中，有個他自創的名詞：「極端破壞」（extreme disruption）。

過了幾年後，矽谷才把「破壞」（disruption）這個字眼占為己有，還過度使用，使其變成陳腔濫調。強納森的原意比較接近我們大多數人所說的「危機」。但他語言中的重要性，在於表現出許多危機的根本動態。在極端破壞的時刻，局勢會在短時間內劇烈變化。在大多數局面中，決策者都能夠仰賴自己的經驗，幫助他們盡可能做出最佳決策。**但在極端破壞的時刻，經驗就沒有什麼幫助，因為太多事情都變化得太快了。**

各種極端破壞的時刻可能會截然不同，取決於種種局勢。我在聖昆丁演講時的聽眾，就與我形容了他們爆發爭鬥，或是搶劫出錯的情況。事後我跟一位囚犯聊天，他說有二十八個囚犯，曾經試著量化他們當下決策後個人付出的代價，並得出結論：他們的犯罪時間加起來只有短短四分鐘二十六秒，卻導致總共七百一十五年的刑期。這些人的本能反應而非理智回應，對被害人與犯行者都造成了永久的後果。

我們大多數人，包括我自己，都沒有什麼劇烈、狂暴，或充滿暴力的經歷。但我認識的每個人，都在人生中經歷過極端破壞。

有些時刻真的是在轉瞬之間發生，所有事情在一瞬間改變。而在有些情況下，這些「時刻」可能是好幾週、好幾個月或好幾年，但都是迅速且激烈變化的時期。身為個人、組織、國家與社會，我們必然會遇到局勢迅速變化的場面：威脅變得更加危險、前方的道路變得更不明朗。今日，就連許多年輕人都熟悉這些時刻：他們曾經歷過九一一事件、經濟大衰退、全球傳染病大流行，以及俄羅斯入侵烏克蘭，這一切都發生在約二十年的時間內[3]。

不幸的是，這些極端破壞的時刻，正好也是容易導致壞決策的情勢。

隨便舉一個例子：當唐納．川普（Donald Trump，二〇一七～二〇二一年任美國總統）當選總統後，我有一位平時都能做出合理判斷的朋友，居然賣掉了他所有的股票和共同基金。現在回想起來，這似乎有點反應過度了，但他當時的動機大致來說也還算可以理解。他和許多人（包括我）一樣，也擔心不穩定的總統會導致股市崩盤。

但我朋友對於川普當選的反應是錯誤的；而探討這個錯誤的本質，就能協助說明機率性思考的實用性。

在極端破壞的時刻，局勢變得既可怕又不穩定時，我的朋友做了情緒化的決策，他看不清眼前大局的高度不確定性。川普導致崩盤的機率，當然大於零，而且或許還挺高的——這意味著如果我那位朋友想要在嚴重衰退的情況下維持財務安全，就應該賣掉一部分的投資。但這突如其來的變化加上高度風險，導致我朋友認為崩盤百分之百會發生，這也讓他做出不明智的選擇：賣掉他所有的投資組合。

這種思考過程十分常見，或許常見到令人意外。無論我踏入哪個領域（金融、政治、商業、個人投資、非營利事業），我都看過優秀的領導人與思想家，在極端破壞襲來時，放棄了明智的決策方法。當未來變得比以前更難預測，他們的行動就變得矛盾，好像他們能完全確定未來將發生什麼事一樣。短時間內，這種反應方式（本能、衝動、過度自信）有時真的會導致正面的結果。畢竟我是在「某特定結果百分之百會發生」的假設下行動的，當它的發生機率實際上只有一〇%，那麼事情就有一〇%的機率會按照我的預期發展。

但在長時間看來，這種看似幸運的情境，很可能會帶來不好的結局，因為假若我繼續著重本能反應而非理智回應，最終我將嘗到苦果，**好運總是會有用光的一天**。

換言之，幾乎所有情況下，**對於極端破壞時刻的本能反應，都會在短期內導致壞結果，甚至在長期下導致更糟的結果**。

而替代方式就是理智回應——正如聖昆丁許多囚犯的領悟。當極端破壞的時刻來臨，無論這一刻是一瞬間還是更長的時間，決策者都必須克服壓力，才能避免輕率行事，並分析成本與效益，在受限的局勢與時間下，盡可能做出最佳選擇。

---

3 編按：九一一襲擊事件：二〇〇一年九月十一日發生在美國本土的一系列自殺式恐怖攻擊；經濟大衰退與全球傳染病大流行：即前文提及之新冠肺炎疫情，該疫情自二〇一九年底肆虐全球達數年，隨之引起世界各地經濟衰退與失業潮；俄羅斯入侵烏克蘭：自二〇二二年二月起，俄羅斯對烏克蘭發動的「特別軍事行動」，為二戰以來歐洲最大規模的戰爭之一。

保持理智的根本要素——紀律

那麼，在極端破壞時刻做出周延決策的人，跟沒做的人有什麼差別？為什麼我們有些人會本能反應，有些人卻能夠理智回應？

最典型的答案，是性格。

我不否認性格確實扮演著重要的角色。有些人能夠很自然的理智回應，但有些人卻傾向自然的本能反應。我看過許多深思熟慮的人，在極度緊張的時刻預設絕對的立場，也看過熱情豪放的人謹慎思考，以處理危機。

根據我的經驗，明智決策的關鍵，並不是拒絕對議題抱持強烈的感受。情緒是人類的天性。問題在於：你會被情緒吞噬嗎？或者，你認清自己做出了情緒反應，接著設法延緩你起初的衝動，直到你能夠做出思考過的選擇？**理智回應需要紀律，本能反應則不需要**。

建立紀律的最佳時機（通常也是唯一時機），就是在極端破壞時刻襲來之前。我發現，堅強領導人、優秀決策者與一般人的差別，並非在於他們沒有情緒偏誤，而是在於**他們理解自己的情緒偏誤，並且設法彌補**。

比方說，我知道身為投資人的我，本能上會把風險看得太重——換句話說，我的風險趨避是一種人格特質，而不是一種投資策略。但因為我知道這件事，所以我能調整決策。至少在一時激動的情況下（或者好一點，在我衝動之前先在黃頁筆記上建構期望值表格的時候），我能夠質疑自己並評估我的本能。我的預防措施是否沒有必要？我是否系統性的高估了負面結果的發生機率？

雖然我還是過於謹慎了一點，但強迫自己考慮這些可能性，就能幫助我認清情緒會怎麼影響我的決策，接著重新調整它（當然，有些人或許需要往相反的方向修正情緒偏誤：假如你對風險過於鬆懈，你應該捫心自問是否系統性的低估了負面結果的發生機率）。

於是我又想到一個方法：在極端破壞期間改善自己的決策。決策者不會只參考一個人的判斷，而是擁有駕馭群體的力量。這件事很難辦到，**領導者需要接納看法不同的人，尋求歧見而非取得共識，這樣做的效益非常大。**

比方說，我擔任柯林頓總統任內的國家經濟委員會主任（後來當上他的財政部長）期間，我開始相信總統最大的長處就是，假如沒人反對他，他就會問他的團隊：「好，還有沒有其他的觀點？」他不僅容忍不同的觀點，而且還接納它們、把它們當作必要的知識。假如有人不同意他的看法，而且見識上比他廣博，或是對議題的想法與他不同，他並不會在心理上感到威脅。

雖然與總統開會的規模，通常是六至二十四人左右，但有時，真正有效的群體可能很小，只有兩、三個人。一九九五年初，我在財政部工作的時候，墨西哥正面臨主權債務危機，它可能會導致嚴重且長久的經濟衰退，不只影響墨西哥的經濟，也會影響美國的經濟。那時，我們試圖直接支援墨西哥，貸款給他們的政府，希望能創造出經濟反彈的條件，但一開始市場似乎沒有反彈。我與勞倫斯．薩默斯（Lawrence Summers）討論了這件事，他是當時的財政部次長，也是一位知名經濟學家。我們審視了當時的成本（好幾億美元的稅收），然後做出結論：這個計畫並沒有奏效，市場的反應並不足以支持墨西哥的金融永續性，因此不值得繼續投入。

我們後來去見了當時的白宮幕僚長里昂・潘內達（Leon Panetta），告訴他我們想中止計畫，但他提出了不同的觀點：「老天啊，你們不能這樣做。」他勸我們重新考慮，但我們回答道：「這樣是在花冤枉錢，完全沒有意義。」里昂擔心的不是政策後果，而是政治後果——他不想公開承認這個昂貴的介入行動失敗，這會讓政府顏面掃地。不過正因為他的觀點與我們截然不同，勞倫斯和我同意再考慮看看。

在逐步解決問題後，我們才發現，一開始的分析可能有誤。我們確實度過一段非常困難的時期，或許我們的計畫最後不會奏效，但單純就經濟的角度來看，持續計畫的期望值似乎比中止計畫還要高。到了最後，美國的介入行動居然成功了！墨西哥連本帶利的償還了向美國納稅人借貸的錢，而且墨西哥的經濟也在短期內就恢復穩定。

這並不是在支持由委員會做出決定，我的意思是，決策者應當聽取更多人的意見，尤其在局勢迅速變化的時刻。這就是我們在財政部時常做的事：當面臨危機時，我們會把眾人聚集起來，試著逐步解決問題。我也會努力確保這個群體的成員，無論在判斷或專業能力上都有一定的可敬度，而且必須反映出各種觀點和情緒偏誤。

這些群體之所以能幫得上忙，有非常多的原因。從知識的角度來說，**一群人齊聚一堂，能幫助我們確保沒有忽視任何潛在的機會或挑戰，並能將所有因素都攤開來談**。從情緒的角度來說，駕馭群體力量，能夠幫助我在任何發生的事件中控制自己的反應。審視各種不同的本能與偏誤，能夠幫助我認清並修正自己。而且這種做法，也有助於提升事後的決策認同感。**即使人們不同意最終的行動方針，他們還是會感覺自己有被納入決策流程。**

決策者的陷阱：折衷自己與群體的想法

從中，我體會到一件在生涯早期都體會不到的事，那就是偏誤，無論有意還是無心，這都會影響決策。

比方說五十年前，為了高風險決策而聚集的群體，大多數都是白人男性，而我從來沒聽過任何人問說：「非裔美國人跟美國白人有什麼不同？種族與性別的交互作用，會如何加劇挑戰，使它們更困難和複雜？如果決策者得以接觸到更廣泛的觀點和個人經驗，他的重要決策會如何改善？」我想，假如更多人有機會加入這些討論，這些問題就會浮上檯面了。

最後，以群體之姿處理極端破壞時刻，不只能幫助你明白什麼事情改變了，也能使你明白什麼事情沒變。

一九九四年期中選舉後，共和黨數十年來首次翻轉眾議院的控制權，我與柯林頓總統團隊的高階成員，一同召開了政治策略會議。一名官員主張，這個災難性的後果證明老派的政治遊說不再適用，而總統必須更加激進才能爭取連任。但當時的第一夫人希拉蕊・柯林頓[4]（Hillary Clinton）不同意。雖然一九九四年的選舉結果令人大受打擊，但希拉蕊主張，形塑我們政治的根本力量並沒有改變，競選活動還是得靠中間選民才能獲勝。

政策究竟要吸引中間選民還是基本盤？這個爭議從我加入民主黨參政後，就一直激烈的爭吵到今天。在這個案例中，大家無法知道柯林頓總統的兩位顧問哪位是對的，因為他只能從兩個選項擇一。他最終選擇了希拉蕊支持的立場，而我認為，他做了明智的選擇。

一九九六年，柯林頓總統壓倒性的獲勝；根據出口民調（Exit Poll），勝選有一部分要歸功於他的中間選民得票率比對手多了二四%（我覺得希拉蕊的立場在政治上是有益的，除了讓柯林頓總統的政策更接近中間選民的喜好，還有一個原因：總統採取促進經濟成長的政策，增加了企業界的信心、改善經濟，進而增加他連任的機會）。

不過，雖然群體是改善判斷力的必要方法，但他們不能替決策者判斷。假如**你負責一項決策，聽取別人的資訊和建議相當重要，但你最終還是得親自選擇你認為最好的路線**。如果領導者放棄這個責任，利用群體來逃避艱難的抉擇，而不是做出更好的選擇，這樣很難有好結果。如果你是決策者，一定得願意親自做出決策。

決策者也必須避免折衷自己與群體的想法。我看過很多人落入這種陷阱，尤其是在商場上。領導者會告訴自己：「好吧，在聽過各方意見後，我覺得是X。但其他許多人看到同樣的證據後，覺得是Y。那麼我們就採取X和Y中間的做法。」斷定你的立場是錯的，並試圖改變它，或為了維持士氣而稍微改動決策，這是一回事；但在謹慎考慮後，完全相信你的立場是對的，卻採取截然不同的立場以安撫人心，這又是另一回事。

我的朋友湯姆．史迪爾（Tom Steyer），長期以來都能做出優秀且周延的決策，他曾經公開講過一次他授權給群體決策的案例。湯姆和我第一次認識，是因為我在一九八〇年代招募他，成為高盛風險套利部門的一員。他小了我快二十歲，但他立刻就脫穎而出，成為一位有見地的分析師，既犀利又有幽默感（或許令人意外的是，他現在是以政治捐贈者與候選人的身分而聞名，而我不記得與他聊過政治）。

一九八五年，湯姆離開高盛，隔年創辦法拉龍資本管理公司（Farallon Capital），直到二〇一二年為止都由他親自經營；這家公司成為了世上最成功的避險基金之一，尤其在長時間下仍能產生穩健的成果。

二〇〇八年，當湯姆在經營他的基金時，審視了對經濟產生壓力的因素，並認為合理的做法是避免暴露於潛在的衰退。但法拉龍有許多同事不同意，湯姆認為他們的主張沒有說服力，但最終還是同意不要退縮，因為他擔心會打擊士氣。湯姆最終平安度過緊接而來的經濟危機，這家公司後來也再度做出優秀的成績，但假如他當時選擇了自己認為最佳的行動方針，他（以及他的投資人，包括我）蒙受的損失應該會少更多。

應對極端破壞時刻的時候，適用於個人的道理也適用於整個社會。如果領導者傳遞並擴大我們的集體情緒反應，而不是深思熟慮的回應局勢，他們可能會製造出許多問題，更波及許多國家持續好幾十年。

4 編按：比爾．柯林頓的妻子，後來於二〇〇九～二〇一三年擔任美國國務卿。

對罪犯的懲罰，也不應淪為本能反應

我回想起聖昆丁的演講，以及與囚犯度過的那幾個小時。說到遍及社會的衝動性反應所造成的危險，有個深具啟發性的例子，那就是我們的刑事司法體系本身。

我對於刑事司法體系（以及與其密切關聯的人）的看法，與我對於貧窮的看法密切相關。一九八二年，我讀了記者肯・奧萊塔（Ken Auletta）的著作《下層階級》（*The Underclass*）。他密切關注一家非營利組織，名叫「人力示範研究法人」（Manpower Demonstration Research Corporation，簡稱MDRC），它的目標是改善紐約低收入居民的生活。肯在書中側寫了福利受領人、前成癮者，以及其他社會邊緣人。

我從小到大並沒有親身經歷貧窮，所以肯的書令我大開眼界。他的論點非常有爭議性，尤其是四十幾年前。肯主張貧窮主要是一個人面對客觀環境下的結果，並非他的道德或個性有缺陷。美國人「自力更生」的觀念（此觀念對隆納・雷根〔Ronald Reagan，一九八一～一九八九年任美國總統〕時代初期的美國產生了重大影響）過於簡化，而且在太多情況下幾乎不可能辦到。

隨著我越深入閱讀、學習，我越覺得肯是對的。貧窮是一種惡性循環，世世代代反覆發生，我們所有人都因此付出巨大的代價。不說別的，社會每一分子出於自利，都應該要努力打破這個循環才對。反貧窮措施已被形容為「戰爭」、甚至「聖戰」。但自從我讀了《下層階級》後，我傾向用比較不激烈的角度來思考「打擊貧窮」這件事，我把它想成一種常識以及共享的自利。

我也開始認為，犯罪既是貧窮惡性循環的成因，也是這個惡性循環所造成的影響。想想小夏，也就是寫信邀請我去聖昆丁的年輕人。他在舊金山灣區長大，所經歷到的逆境是我童年時無法想像的，而這樣的客觀環境也深刻形塑了他的人生。他早年受到的影響（包括他的母親）多半來自毒販，他在青少年時期開始販毒，接著從事其他類型的犯罪活動。他在高中一年級的時候，就因為企圖以致命武器搶劫與襲擊別人遭到逮捕，被判監禁二十七年。

我的看法是，小夏坐牢是罪有應得，因為社會顯然很關心怎麼確保人們不會成為犯罪的受害者、讓犯法的人受到懲罰、令想要犯法的人打消念頭。但是該怎麼以最佳的方式達成這些目標（同時讓在小夏這種環境下成長的人們，有機會打破貧窮的循環，並完全為社會奉獻），是個非常複雜的問題。

如今這個問題比我成長的時候還要迫切。一九六〇年（我大學畢業那年）到一九九三年（我加入柯林頓政府那年）之間，暴力犯罪率驟然飆升。以歷史的標準來說，這個速度實在太快，犯罪已然成為一項危機。

犯罪開始影響到更多美國人，民眾的情緒為此高漲。威利・霍爾頓（Willie Horton）在州立假釋計畫期間，犯下襲擊、武裝搶劫、強姦等罪行，一九八八年總統選舉時，他成為共和黨攻擊性廣告的核心人物。那次競選活動期間，我擔任民主黨候選人，麻薩諸塞州州長麥可・杜卡基斯（Michael Dukakis）的顧問。我非常喜歡杜卡基斯州長。但我永遠忘不了，他在十月與當時的副總統老布希（George Herbert Walker Bush）辯論時，對一個辛辣的問題難以啟齒。

那場辯論的主持人，來自有線電視新聞網（CNN）的伯納．蕭（Bernard Shaw）提出了一個過於赤裸的命題：假如杜卡基斯州長的太太凱蒂（Kitty）被強姦與謀殺，他會支持將兇手處死嗎？

「沒有證據顯示死刑有嚇阻效果，」杜卡基斯冷靜的回答：「我認為對付暴力犯罪有更好、更有效的方法。」

我同意州長的說法，而且我也明白，在面對這個爭議性的問題時，他已經試著給出理智的答案。但他無法應付當時民眾對於暴力犯罪的高漲恐懼——這種恐懼非常容易理解。他並沒有表達出憤怒，或是發自內心想要懲罰犯人，他的政策主張很理智，卻也是災難性的政治錯誤——有許多人認為，這個錯誤最終導致他敗選。

四年後，比爾．柯林頓入主白宮，犯罪率開始從高峰微微下降。不過根據《紐約時報》的報導，隨著一九九四年的期中選舉到來，影響選民意願最甚的仍是打擊犯罪的議題。

我個人沒有參與一九九四年犯罪法案的細節（當時沒有人認為刑事司法是經濟議題），但我可以試著中立的表示，這個法案在試著處理一個真實且嚴肅的問題，而選民希望政府採取行動處理它。而且我認為這個法案的某些要素（包括禁止攻擊性武器；《反對婦女暴力法案》〔*Violence Against Women Act*〕；支持「午夜籃球[5]」〔Midnight Basketball〕等措施，以吸引處於犯罪風險中的年輕人）都是非常好的政策。

然而問題在於，犯罪法案中許多最全面的規定（以及超前或追隨這個法案的州級法律），都是在應付情緒反應，而不是回應真正的挑戰。比方說，這套最終法案將聯邦死刑擴及六十種罪行。它還實施了「三好球[6]」規定，即使他們罪行原本的刑期應該會相對短非常多，這些累犯仍必須被判終身監禁；而且，它還終止了幾乎所有對囚犯的教育計畫。

即使在當時，這些政策是否會使我們更安全仍有待商榷。某種程度上來說，它們的目標是要辦到杜卡基斯六年前在辯論時沒能辦到的事：滿足民眾內心的渴望（懲罰犯罪者），而不是建立有效且完整的政策。

對於犯罪議題採取本能反應、而非理智回應，代價是很大的。

由於急著應對非常真實的犯罪成本，許多主要的政策擬定者（以及多數的群眾），從未全盤考量新法規對刑事司法體系產生的改變，有什麼潛在成本或無心的後果。結果美國的暴力犯罪率降低，犯罪人口卻大幅增加。雖然在寫這本書時，美國的囚犯人數已經開始從歷史高峰下降，但**美國囚犯與全體公民的百分比，仍持續高於世上其他國家**。

5 編按：一九八〇年代末開展的一項計畫，由於許多年輕人無所事事、生活貧困，又負擔不起各種娛樂的開銷，為了讓他們遠離毒品與犯罪，政府開放他們於晚間十點至凌晨兩點間（犯罪活動最活躍的時間）至社區活動中心打籃球，並於結束後參與日常講習課程，學習生活必要技能。但此項計畫也因其針對的年輕族群為有色人種男性，而引起種族歧視的爭議。

6 編按：《三振出局法》（*Three-strikes law*），要求州法院對犯下第三次及以上重罪（felony）的累犯，採取強制性量刑準則，大幅延長監禁時間：目前（二〇二三年四月）所有法案的下限皆為二十五年有期徒刑，最高為無期徒刑，後者在很長一段時間內不得假釋（多數法案規定為二十五年）。

把他們無限期的關起來，代價遠比看到的大

我們對犯罪的集體情緒反應，對社會各群體的影響並不一致。各項研究一再證明刑事司法體系中，包括逮捕、指控、羈押、量刑等許多環節都有因種族而差別對待的情況。這不但複雜，還橫跨了各種不同的犯罪、管轄權以及其他因素。我們在刑事司法上的做法遭到誤導，雖然有些群體更為強烈的感受到其後果，但因為我們沒有把握機會、更加深思熟慮的回應，**所以全體都一同付出了代價**。

當然，保障公共安全很重要。但假如民眾認為犯罪行為已失去控制，政府就很難喚起他們對政治面的意願，並實行必要的改革。有許多身陷囹圄的美國人，目前並不會對公共安全造成嚴重的威脅，或者他們也可以藉由介入措施，準備重新進入社會，這樣的開銷將會比長期監禁低很多。為了監禁這些犯人，政府花費了大筆稅收，這些錢本來可以投資在更重要的優先事項。但我們現行的監禁制度使勞動人口大幅漸少，損害到企業與整體經濟。而有些相當不合理的政策，更讓囚犯在獲釋後難以找到工作，使得代價更加慘痛。

如前文所述，我之所以沒有參與一九九四年的犯罪法案，是因為當時人們認為犯罪並非經濟議題。然而回想起來，最近數十年來塑造美國刑事司法體系的方式，不但在道德面不公平，在經濟面也不明智，這些成本很難準確量化。但在二〇一六年，聖路易華盛頓大學有一群研究員就試著這麼做了，他們發現監禁所造成的財政負擔，已達到每年一兆美元——約等於當時美國國內生產毛額（GDP）的六％。假如這個數字準確，就表示我們的權衡取捨虧

大了。**我們現行的監禁制度，在主要層面上的好處，遠遠不及它所付出的代價。**

那麼在刑事司法體系方面，更加理智回應的方法會是什麼樣子？我不是這方面的專家，所以請恕我無法提供答案。但我的生涯歷程，就是試著在艱困的情勢中做出理性的決策。為了以最低的社會與經濟成本，達到最大的社會利益，我們需要一個大幅改善的刑事司法體系。而為了發展這個體系，我們必須採取不同的決策流程，而不是繼續使用導致現行體系的做法。

換言之，若要討論刑事司法，我們就必須將黃頁筆記填滿。一開始，應該先認清我們的情緒偏誤。犯罪是發自內心的，它很可怕。受害者與其家屬的故事當然令人同情，有些案子甚至會讓我們衷心希望罪犯得到報應。但感受到這些情緒，並不代表我們必須完全任它們驅使。反而應該盡自己所能，事先修正我們的情緒偏誤。

為了努力辦到這件事，我們在美國討論刑事司法改革時，應該納入更多不同的聲音與觀點，並考慮犯罪對受害者與其家屬的衝擊。但也應該比以前更加認真考慮，監禁對於國家經濟、地方社區、囚犯之子女與家屬、以及囚犯本人的衝擊。雖然我們在這方面已經有些進步，例如喬・拜登（Joe Biden）總統於二〇二二年十月赦免了數千名因持有大麻而被聯邦法庭定罪的人，但還有很多事情需要完成。

我們應更努力理解並處理現行刑事司法體系在社會與經濟面的隱憂。當我們評估各種成本與效益之後（運用機率性思考審視犯罪和懲罰），我們必然會更進一步，追加新的考量項目與重點。舉例來說，我們應該為非暴力的犯人改革刑罰裁量；不僅因為長期監禁對於非暴力罪犯來說似乎過於嚴厲與殘酷，也因為政府將「未來的納稅人」變成「被國家養在監獄裡的人」，稅收資金便會減少，以致無法使用在其他更迫切的公共投資中。

同樣的，我們也應認清一件事：**最符合成本效益的打擊犯罪方法，就是預防犯罪**。越來越多證據顯示，投資在學前教育與其他早期介入措施，長期下來將會為納稅人帶來巨大的回報，這有一部分就是因為監禁率降低了。同樣的，投資在教育、心理健康、藥物濫用治療、以及職業訓練（無論是對正在服刑的人，還是最近獲釋的人），將更有效減少累犯，並增加犯人們的生產力。

另一個將機率性思考應用於刑事司法的方式，就是更深入探討量刑。到目前為止，國內對於量刑改革的爭議，幾乎都聚焦於非暴力犯罪。但是，根據專門報導刑事司法體系新聞的非營利媒體組織「馬歇爾計畫」（Marshall Project）表示，就算一個人在超過三十歲後就比較不會以暴力犯罪「維生」，但在一九九〇～二〇一五年間，五十六歲以上的美國籍囚犯卻增加了五五〇%。

換言之，將這麼多年紀不小的人關在監獄裡，不但非常花錢，也沒什麼嚇阻或預防犯罪的效果。因此我認為，對於刑事司法的合理回應，應該包括釋放許多年輕時因暴力罪刑入獄，但如今年事已高的人。這也應該包括重新思考今後對某些暴力犯的重刑，這樣他們才不會即使已步入老年、不可能再對社會群體造成威脅，卻仍然關在大牢裡。

好政策來自於「把事情做對」

在刑事司法議題上採用黃頁筆記法，也意味著社會應該支持那些獲釋出獄的人——這不只有道德上的理由，也有為了實務上的原因。我在聖昆丁演講時，有一位聽眾說道：「在我入獄服十八年刑期的時候，政府花了九十萬美元把我關在牢裡，但當我被假釋的時候，政府只給我兩百美元，然後祝我好運。」他是對的，這種方法沒什麼道理。

不過，我也不是在說實施更好的方法很容易——尤其當維持公共安全仍是迫切的要務，同時也是真實的挑戰時。**就算我們因為目前處理犯罪和刑罰的方式而必須面對某些後果，我們也不希望用另一個草率的方法取而代之。**一九九〇年代，美國對犯罪引起的問題，採取了本能反應而非理智回應。如今這些問題仍然折磨著我們的刑事司法體系，如果再對它們採取「反應」而不是「回應」，那可就大錯特錯了。

舉個例子，我在卸下官職後參與了「漢密爾頓計畫」（Hamilton Project），這是個非黨派組織，致力於制定以證據為基礎的經濟政策。二〇〇八年起，我們透過經濟角度審視了刑事司法體系，特別是現行政策的所有成本；而在二〇一九年，我們主辦了以羈押和保釋[7]為

---

7 編按：在美國，犯行人於被逮捕後、法院庭審前，可交付一定金額的保釋金或以其他方式擔保其將如期出庭受審，以換取不必被羈押的自由。在臺灣也有類似的制度，即常見的「交保」，以及法律上的正式名詞：「具保」。

主題的論壇。

參加論壇的人們幾乎都同意，我們現行的羈押制度既不公平又適得其反。在太多案例中，決定一個人在審判前是否自由的因素，並不是「他是否會對群體造成威脅」，而是「他是否有資源獲得保釋」。但談到要怎麼解決這個問題的時候，不同論點的擁護者也得到了不同的結論。

許多人主張，最佳決策應該是完全廢除保釋制度。但有一位參與者，儘管抱持類似的同情心與優先考量，卻敦促大家謹慎一點。他警告道，假如廢除保釋，那麼將有許多法官選擇不釋放犯人，因為擔心犯人日後將不會回來受審，反而將他們繼續關在牢裡。這些立意良好的政策，都可能在未來造成深刻的負面效應。

我不確定誰是對的。但我知道**好的政策**（甚至姍姍來遲的好政策）**絕對不容易制定。我們必須將「把事情做對」這件事放在心上，才能平衡自己的急迫感。**

在聖昆丁遇到的人們也說，他們經常討論的話題，就是為了達成這種平衡——一輩子都以謹慎的方式做決策，尤其在風險極高的時候。他們花了許多時間，思考自己假如重新步入社會的話該做什麼，而且其中有些人最後可能有機會獲釋。現在，他們有真正的希望了。

收到小夏的信約一年後，我寫了一封信給傑瑞．布朗（Jerry Brown），時任的加州州長：「在我們短暫共處的時光中，我看到一位花了非常多時間，反省並理解自己的過錯，同時規畫自己未來的男子。」這封信，旨在為小夏爭取減刑。這樣做當然有其風險。小夏的深思熟慮令我印象深刻，但我也無法完全確定他在獲釋後會做什麼。從統計數據上來說，任何減刑的囚犯都有機會再犯。

我還是忍不住想起假釋後再犯的可怕前例：威利・霍爾頓，不只是因為我們對待犯罪的態度，還有我們日常生活中抉擇的方式。當決策將影響到數千甚至數百萬人，就必定會有異常狀況與極端例子出現，使人們既震驚又難過。無論主題為何、無論多麼深思熟慮，都沒有政策能夠獲得完美的結果。各種個案與傳聞，如果被小題大作，或以不恰當的脈絡檢視，將會使人們產生情緒反應，最終無法以統計角度來思考事情。

基於我所聽聞與見過的一切，我認為寫信支持小夏申請減刑，風險並不高，而且是正確的事，所以我這麼做了。

在被判刑十九年後，時年三十六歲的夏迪德・華勒斯—史戴普特終於重獲自由。在他獲釋之前，納稅人每年大約要花七萬五千美元來監禁他，而且這還不包括損失的機會成本與生產成本。如今，小夏自己也是納稅人。他決心成為一位創業家，不但回到學校念書，同時也在製作一部紀錄片[8]。

小夏獲釋後與我只見過一次面，但我經常思考他的經歷。無論我們的外在環境如何，許多人一定都能體會這種「一切事物似乎都在改變」的時刻。我們都曉得「受誘惑而產生衝動

8 編按：本書繁體中文版編輯時（二〇二三年四月），小夏已創立「穩健媒體公司」（Slow And Steady Media），並正在製作紀錄片《在獄中成長》（*Growing Up Behind Bars*）以及播客節目《罪犯、文化與白人女性》（*Convicts, Culture & Caucasian Women*）。

反應」的感覺，而我想我們大多數人，總有屈服於這種誘惑的時候。

但願我們都能從小夏後半的人生故事中感同身受。同時，我們也可以更認真思考自己的決策——**以往我們是怎麼做抉擇的，以及在未來該怎麼做得更好**。我們可以建立紀律，並在高風險情境下深思熟慮的回應；認清並修正我們的情緒偏誤；最後，藉由權衡選項與考量機率，我們（不僅止於個人，而是整個社會）就能更妥善應對極端破壞的時刻，並盡可能給自己最好的機會，達到所追求的結果。

第 2 章

風險不是一個數值，是一個範圍

世上沒有「華爾街的祕訣」，只有知識與紀律。

個人與社會若是承認風險的複雜與易變本質，並將這個領悟內化，進而引導他們的行動，就能做出比其他人更明智的決策。

「我們沒有犯錯的本錢。」副總統艾爾・高爾（Al Gore）說道。

我不太記得這次對話是何時發生的，但應該是我還在財政部的時候。幾分鐘前，我在橢圓形辦公室[1]，跟柯林頓總統與其幾位頂尖左右手開會。在談過數個公認最迫切的事務後，大家開始討論全球暖化這個主題。我那時的反應也許看起來不夠在意，因為在眾人一離開辦公室後，副總統就叫住我。「跟我去我辦公室一趟。」他說。

現在，我坐在艾爾・高爾對面。他警告我，**我們眼下有個全球性的威脅，而他覺得這攸關人類的存亡。**

我在這次對話之前早已聽說過全球暖化（或氣候變遷，這是現在比較常用的說法）。但大家很少用迫切的態度討論它，這也是為什麼副總統的擔憂如此令我難忘。他正在極度嚴肅的對待此一主題，而當時美國最有影響力的政策制定者中，幾乎沒人認為這個問題需要如此嚴重的關切。

當時，氣候學對於災難性後果的可能性並沒有像現在這麼篤定，而且氣候變遷的效應也不如今天這般明顯。但高爾的主張大概是這樣：**雖然我們無法篤定全球氣溫因為人類的活動而上升，但有強力的證據暗示氣溫正在上升。**假如這些證據未來被證實為真，這些效應可能會隨著時間推移而成為災難，而且這些排放的溫室氣體將在大氣中殘留好幾百年，這些後果將是不可逆的。在這樣的情境下，採取觀望的態度非常危險。為了避免嚴重（甚至災難性）的後果，我們必須趕緊行動。

副總統的警告「我們沒有犯錯的本錢」非常簡單明瞭。但與此同時，他也在提出一個更廣泛的問題，遠超氣候變遷的範疇，這個問題的影響包括我們生活中的所有層面——從個人決策與投資、管理企業，甚至整個國家。

那就是——**我們該如何應對風險？**

應對風險第一步：認清危機

在與副總統高爾那次對話的二十幾年後，有件事似乎越來越清楚：至少可以確定的是，關於氣候變遷引起的風險，人類採取的態度是錯誤的。其中雖有各種複雜的理由，但最重要的事實依然不變：假如全球各地有更多領袖，以艾爾・高爾的態度思考這個議題，今日的世界應該大不相同，而且更加安全。

然而，回到二十世紀末，大多數人都否認氣候變遷存在的證據，或沒有認真看待其中的意涵，我則屬於後者。二〇〇三年，當我第一次寫到這段在副總統辦公室的對話時，我曾說：「他的警告令我相信，避免全球暖化造成最糟的結果，是『當務之急』。」不過當時，我也沒有內化這些風險。我只將氣候變遷視為二十一世紀的社會，總有一天要面對的諸多潛在、巨大的挑戰之一。

1 編按：Oval Office，美國總統辦公室。

跟許多人一樣，如今我對於氣候變遷與其風險的看法，已經跟二十年前完全不同。在跟湯姆．史迪爾有過一系列對話後，我的想法便開始改變。

在上一章中提過，我在數十年前認識湯姆；一九九九年我離開財政部之後，我們偶爾會聊聊天，通常都是討論市場情勢。過一陣子後，我發現我們的對話內容改變了。起初我們都在聊法拉龍事業的相關議題，但不久後，他就提到氣候變遷這個主題。

「這會引發戰爭，」湯姆告訴我：「還會造成大規模移民。」

「呃，你可能是對的。」我回答。但我對科學一竅不通，而且這些問題沒有迫切到令我重視。我對全球暖化的話題沒什麼興趣，所以我讓湯姆稍微發表一下看法後，再讓他把焦點轉回我想聊的話題，也就是投資。不久前，湯姆提醒我這些曾經的對話。

「十年前我試著告訴你氣候變遷的事，但你不怎麼關心。」他說。

但湯姆比他自己認為的更有說服力。雖然我起初覺得他的預測有些離譜，但隨著他越談越多，我就越認為他說的有幾分道理。我仍然對科學一竅不通，但我逐漸發現自己該多了解這回事。在二〇一〇年代初期，湯姆開始強烈關注氣候變遷之後，我找上了史蒂文．海曼（Steve Hyman），他當時是哈佛大學的教務長。史蒂文是位醫學研究者，不是氣候學家，但是個知識淵博的科學家。於是，我請教他對湯姆的擔憂有什麼想法，他說這些擔憂都是科學界的共識。

「千真萬確。」他告訴我。於是我開始更認真看待這個議題，並尋求更多專家意見。

大約在同一時間，其他許多企業領袖與政府，也開始對氣候變遷的潛在危機表達更多的擔憂。其中一位是亨利・鮑爾森（Henry Paulson），他自二〇〇六～二〇〇九年間擔任小布希（George Walker Bush）總統的財政部長，而且跟我一樣，都當過高盛的執行長。

二〇一六年，亨利和我去見證券交易委員會的主席瑪麗・喬・懷特（Mary Jo White），並主張證券交易委員會應該要求金融機構，公開承認氣候變遷的相關潛在成本。當時的法規要求金融機構完全公開它們的「重大風險」，而我們提出理由，希望也將氣候風險納入這個類別。

懷特主席告訴我們，她同意我們的觀念，而且證券交易委員會正在設法處理氣候相關議題，但目前仍沒有能精準計算，或要求公司公開相關風險的機制。我明白她的難處，而且認為她跟我們一樣，也希望能在不久後便發展出一套方法。

機率低，不代表不會發生——做好最壞的打算

不過，我認為在我們的對話中，正好說明了在應對風險時容易落入的一種陷阱：**忽視風險，直到它在各方面都可以被量化或完全理解**。在證券交易委員會這個案例中，委員會還沒準備好命令企業公開氣候風險；但更普遍的做法則是，在尚未完全理解風險之前，就一再的將其拖延、忽視，這樣相當危險。

此外，我還擔任了「風險性事業計畫」（Risky Business Project）高級顧問，該計畫旨在凸顯氣候變遷的潛在經濟衝擊。其中領頭的是亨利、湯姆，以及當時的紐約市長麥克・彭

博（Mike Bloomberg）。他們在政治與政策面的看法都不一樣，但他們都同意，嚴謹評估氣候變遷對美國不同地區與經濟部門造成的長期威脅至關重要。他們將自己擔任投資人與企業領導人時使用的方法，拿來應對氣候變遷，希望能鼓勵更多公司與主管，將氣候變遷因素納入決策中。

幾年前，風險性事業計畫剛成立時，亨利與我在紐約跟一群經濟學家和氣候學家共進晚餐。他們討論著自己的發現，並試著協助我們理解世界面對的潛在後果。我清楚的記得那個夜晚，科學家們將話題聚焦在他們認為「**假若人類目前造成的軌跡持續發展，最可能發生的事情**」（也就是投資人所謂的「基本情況」）。

這樣的情境本身已十分令人擔憂：突發的暴風雨造成水災頻傳、農作物收穫減少、各行各業皆因高溫而失去生產力，建設產業將尤其嚴重，此外還有更多。科學家還提到個災難性的「最糟下場」——例如，到了本世紀末，光是佛羅里達州因海平面上升而導致的財產損失，就高達六千八百二十億美元（以二〇一四年的美元計算），但這種情形只被稍微帶過。那晚的大部分時間，**科學家們幾乎都聚焦在基本情況——他們認為最可能發生的後果**。

亨利與我都沒有科學背景，但我們在生涯中做過的決策，其實許多都基於別人的專業，而不是我們自己的。我們會投入大量時間評估資訊、分析不確定性、試圖得到結論，並最後決定該採取什麼行動。

在這段過程當中，必定得聆聽專家的意見。但根據我的經驗，專家有時會被自己的專業局限。只要事情超出可以取得並記錄的資訊，或必須在沒有極大的信心支持下做出聲明，他們經常會感到不安。

這種不安，便會扭曲人的判斷，因為所有決策都是基於不完整的資訊。假如你是決策者，一定要認清一件事：**有很多事情是你無法衡量的，但事情無法衡量，並不代表其真實性不高**。在聆聽專家意見之後，我們都需要運用自己的人生經驗加以消化。

在那頓與科學家的晚餐期間，亨利和我都強烈感受到，雖然科學家的心血既認真且重要，但他們都不夠關注自己口中的最糟情境。我們覺得就氣候變遷一事，其中期到長期未來之間的不確定性，遠超任何關注者的認知，因此災難性的後果，成真的機率也更高。

「這可能會帶來浩劫，我們真的要把重點放在這裡。」亨利與我不斷說道。但無論我們再怎麼努力，都無法將這群人的焦點從基本情況移開。我倆在吃完晚餐後都極度不安，感覺就是有事情不對勁。這種感覺我很熟悉：**在某些重要的方面，決策者並沒有以有效的方式思考風險**。

風險不是一個數值，而是一個範圍

人生中所有事情都帶有一些風險——即使是我們一般不認為需要認真決策的事情。好比說，過去四十年來，我一直很熱衷於飛蠅釣[2]（有時甚至近乎上癮）。我最喜歡的水域之一，是蒙大拿州紅寶石河（Ruby River）的其中一段，有點難以抵達。路途前半段要走過水流又淺又緩的河段，這沒有問題。但接下來，垂釣者必須沿著岸上的狹窄岩石突出部行走，岩石垂直高度約五英尺，但下方的水深僅有幾英吋[3]。

假如失足跌落，我很有可能會受重傷。但我從沒好好想過這個後果，或衡量相關風險。我總是在假設自己能辦到之後，就開始渡河。在紅寶石河上時，我對風險採取的態度，將只會對我產生影響。然而，在我人生的其他時刻，我曾數次處於這樣的局面：一個人的選擇，可能會幫助（或傷害）到數千、甚至數百萬人。

但在商業、政治與政策制定方面，大家的決策方式，卻經常與我涉水渡河時一樣。決策者們在迅速確定他們認為最有可能發生的事情後，就接著向前猛衝，絲毫不考慮其他可能的後果。

其他常見的風險應對方式比較精密、複雜一點，但也沒有差太多。風險有時是二元的：「事情如果這樣發展下去會怎樣？如果不是這樣發展的話，又會怎樣？」但有時風險也會分成三種可能性（就像亨利．鮑爾森與我吃的那場晚餐）：最佳、中等與最糟的情況，而大家認為只有中等的情況值得考量。決策者往往會承認較低的可能性存在，但接著就將其完全忽視了。

我描述的許多風險應對方式，都有一個共同點。那就是，它們都將一系列複雜的可能性與後果，簡化成容易吸收與處理的東西。比方說，新聞通常都將風險表達成各種數字：「假如依照我們目前的軌跡下去，到了二一〇〇年時，全球氣溫將會上升攝氏一．五度。」銀行也有許多部門致力於分析和量化結果（包括風險），並做出謹慎的預測，但就連他們也傾向用單點估計來表達預測。

某些方面來說，這可以理解。用單一數字來量化風險，比較容易讓人領會與傳達。畢竟，它聽起來精準到令人安心。但這樣也非常危險。**幾乎所有情況下，風險都不能僅用一個數字來表達。風險，是一個範圍。**

我並不是想提出一種方法來量化整個風險範圍，這個主題本身就可以寫一本很厚的書了。況且，對於那些沒參與風險管理技術性細節的人來說，重點不在於用來衡量風險的精準技術，而在於用什麼觀念來應對風險。**個人與社會若是承認風險的複雜與易變本質，並且將這個領悟內化、進而引導他們的行動，就能做出比其他人更明智的決策。**

若要改善應對風險的方式，較為簡單的做法是，不要只用單一數字描述特定行動方針最有可能的後果，並開始使用狹窄的數字範圍取代它。比方說，與其預測一個國家的ＧＤＰ會成長二％，不妨改為預測會成長一．七五至二．二五％。再來，假如你需要單一數字用以計算，可以採用中間值。這個改變似乎不重大，但是改為用一個小範圍來表示結果、而非單一數字，就是承認了事情的不確定性和複雜度，而這樣將會更加準確。

2　編按：使用極輕的、形似昆蟲的假餌釣魚，特色為使用有重量的魚線來拋動較輕的假餌。
3　編按：五英尺約等於一百五十公分，一英吋等於二．五四公分。

為了避免最糟的情況，你願意犧牲多少？

然而，就算基本情況的預測不只用單一數字來表達，把它當成唯一可能的情況呈現，也仍然是錯誤的做法。基本情況或許會在大部分的時候成真，但這也表示，其他情況偶爾也有發生的可能。

這種可能性經常被排除，但不該如此。假設基本情況發生的機率是八〇%，那麼每五次中，就仍有一次會發生「不太可能」的結果。決策者太常將這種情形排除考慮範圍，其中一個悲劇性的例子就是伊拉克戰爭[4]。假設負責的高階官員決策正確，而且基本情況相對來說容易應對（光這個假設就相當有爭議性），但我們還是沒有充分的應變計畫，足以應付「相對來說容易應對的情況」之外的可能性。

因此，反映出中間情況的範圍，雖然比單點更合適，但其實也只是更大可能性範圍的一部分而已。還有一個更好的方式能夠思考風險的樣貌，那就是用圖表呈現（術語叫「直方圖」〔histogram〕，但圖表同樣能達成我們的目的）。每個決策都有一組可能結果，一般會從最糟到最佳依序排列於橫軸，而每個結果的機率百分比，一般會從最低到最高依序排列於縱軸。在大多數的情況，你會看到形似鐘形曲線的結果：最可能的結果位於中間，而最微小的可能性分別位於兩側。

舉例而言，假設你畫了一張圖表，呈現明年某檔股票的潛在報酬率，而你預測的報酬率是一〇%。在圖表上該點的右邊，代表比預期還要好的結果，一路從較合理的機率（股票漲了一一%），到極微小的可能性（股價變成兩倍或三倍）。同時該點的左邊（比預期更差的結果與其可能性），就是你的風險。

一般來說，鐘形曲線越左邊的可能性越小，但潛在的負面結果也越嚴重。比方說，假如你投資寶僑（P&G）或可口可樂（Coca-Cola）之類的績優股時，圖表的最左側就是公司破產的可能性。**這種風險的機率最低，但後果最嚴重，一般被稱為「尾部風險」**。

根據我的經驗，**大多數人都會高估基本情況發生的機率，並低估罕見情境發生的機率。**

尾部風險尤其難以量化，無論是事件成真的機率，還是衝擊的嚴重性。

尾部風險的後果可能會非常嚴重，因此它們尤其難以處理。結果，人們做決策時，往往都非常想將其無視，並且在「極端結果的風險為零」的假設下思考事情。但事實上，風險雖然非常低，卻總是大於零。

況且，正因為圖表尾部的機率很低，所以最糟結果以外的情況會經常發生。於是人們就會（錯誤的）斷定，他們忽略尾部風險的做法是正確的。這導致他們下次會重蹈覆轍，而且更有信心。但最糟的情況一旦發生，他們也會更沒有防備。尾部風險沒有成真的時間越久，忽視它的人就越多，潛在後果也就越嚴重。

---

4 編按：又稱第二次波斯灣戰爭，為二〇〇三～二〇一一年間，以美國為首的多國聯軍入侵伊拉克，並向薩達姆．海珊（Saddam Hussein）政權與「恐怖主義」宣戰的長期武裝衝突。

比方說，新冠肺炎出現的許多年前，許多專家與思想領袖都警告說，全球性的流行病可能會出現，但結果沒有發生。隨著時間經過，人們就開始不認真看待這些警告。他們可能認為，即使這些警告（機率很低但後果嚴重的風險）有事實根據，但這個風險還是不會成真。

即使我們已確實認清尾部風險，也很難知道該怎麼應對它們。假如你採取行動，在某種程度上保護自己，**事實上就是在取捨：你減少了事態變糟時付出的代價，但也減少了事態變好時的利益**。但假如不行動，而且最糟的情況發生，你就有可能遭受巨大的傷害。

此外，分辨「瘦尾」跟「肥尾」也很重要。瘦尾的嚴重後果機率極低，而肥尾的嚴重後果機率範圍**雖然也低，但比瘦尾高**。雖然我們應該顧慮到任何現實中可能的尾部風險，但針對肥尾做調整，顯然比針對瘦尾調整還重要。當潛在後果可能很嚴重的時候，最糟情境的發生機率是一％還是五％？這個差距茲事體大。

問題在於，評估風險的時候，你很難知道尾部有多肥。我們該怎麼準確斷定，某個潛在事件是每一百年發生一次，還是每二十年發生一次呢？

這一切導致了決策時常見的敗筆。我們容易在審視完整個風險範圍（包括尾部風險），並被其複雜度難倒之後，放棄將整個範圍都納入自己的決策。但這樣就永遠無法做出明智且深思熟慮的選擇。決策者必須估計可能結果的機率，估計效應的嚴重性，權衡成本與效益，並盡可能做出最佳的判斷。

這些事情都不簡單。而這也是為什麼，我們需要一個能輕鬆上手的工具，用來認清複雜度與不確定性。

這就是黃頁筆記派上用場的地方。決策者可以挑出幾個關鍵的潛在結果（這些結果必須反映出整個風險範圍），接著基於事實與分析，運用判斷，為每個結果附上機率與嚴重性。這些判斷不保證是正確的。但只要試著考慮可能的好處與壞處、以及與它們相關的機率和嚴重性，我的思緒就會更嚴謹、更井井有條，進而讓我做出更好的選擇，無論它們有多麼不完美。黃頁便箋使我產生更好、更掌握全局的決策，而且風險越高、後果越嚴重，這樣的決策就越重要。

寧可少賺幾個零，也別賠到脫褲子

評估風險時的另一個關鍵，在於評估機率的方法，而這要從**問對問題**開始。我們在審視風險，並試圖斷定負面結果發生的機率時，經常沒有謹慎思考問題應該是什麼，反而很快就決定該問什麼問題，接著思考答案應該是什麼。但**假如你一開始就沒問對問題，你就無法以明智的方式解決眼前的問題**。

這種情形，讓我又得求助於黃頁筆記。當你盡力計算期望值時，就會被迫考慮許多人忽略的關鍵風險問題。而且無論這些問題是否有好答案，或清楚的答案，重要的是設法應對它們。尾部風險是瘦是肥？你對自己的估計有多少信心？額外的資訊會使你更有信心嗎？基本情況是「機率極高」的情境，或者只是「最有可能」的情境？哪些因素無法量化，卻真實且影響重大？最後，當你把這些資訊整合起來，風險（包括各種事件的機率、以及其效應的嚴重性）與潛在報酬相比又是如何？

無論在私人或公共部門，我都覺得，將風險視為一個範圍，並且在所有決策上都認清其複雜度與不確定性的領導者似乎太少了。真正內化這些看法的領導者，人數仍然很少。無論是管理政府、金融，還是個人事務，真正的考驗並非「是否能深思熟慮的描述風險」——這很重要，但僅僅是一切的開端。是否已內化風險，**真正的考驗在於是否願意付出適當的代價來管理它**。

一九八〇年代，當史蒂夫．傅利曼（Steve Friedman）和我擔任高盛的管理委員時，我們請財務長海．溫伯格（Hy Weinberg）對公司面臨的風險做透澈的分析，這樣假如事態非常不妙時（例如當市場徹底崩潰），我們才能明白發生了什麼事。於是，他負責計算數據，過一陣子後帶著重大發現回來，提高我們對各種事的警覺。假如極端的尾部風險，同時在大範圍的交易部位[5]、本金投資和其他活動中成真，我們就會倒閉。

這份研究的實用性終究是有限的。最糟情境發生的可能性極低，但我們無法在維持有效經營的前提下，完全消除這個可能性。我們別無選擇，只能接受非常微小、但不是零的大災難風險。

不過，這次演練確實讓我們專注於尾部風險帶來的廣泛問題。鑒於海．溫伯格的研究，我們為所有使用高盛資本投資的人，加強了一條規則：就算你有極大的信心，認為你在特定部位不會損失超過某個數字，但你能持有的部位大小仍有限制。這樣一來，**假如損失遠超過你的估計，雖然很慘痛，但還可以承受。**

甚至在公司設下這類限制之前，我就已經知道這有多麼重要。當我還是年輕合夥人時，在高盛經營風險套利。當時有一間名叫「水蟒」（Anaconda）的銅業公司宣布了收購案，而華爾街對此的普遍看法，以實務目的上來說，收購案應該能夠圓滿收場。

而我們的競爭對手中，有一位跟我職位相同的人，他持有水蟒的大量部位；一旦收購案順利通過，他的股價就會大漲，因此他覺得我們很笨，沒有跟他做一樣的事（大量買進）。我也覺得收購案通過的機率非常高，所以我們持有不少部位，但還是有些限制，因為我們認為**這個案子破局的機率幾乎是零，卻不等於零**。

接著意想不到的事情發生了。收購案不但破局，而且更糟的是，水蟒的股價跌得比破局假設中的預測還低。高盛雖然賠了錢，但還可以應付得來。相對的，我的競爭對手因此丟了工作。

設下這種如安全護欄一般的限制，似乎是理所當然的選擇。但這樣是有代價的，**為了降低蒙受巨大損失的可能性（儘管可能性本來就很低），我們限制了自己的潛在獲利**。但我認為這是正確的選擇，光是足以避免這樣慘痛的損失，其機會成本就非常值得。不過，假如高盛沒有以理智且周延的方式來內化風險，我們或許就沒有這種選擇了。

各種組織都無法充分保護自己不受風險傷害，但原因不只在於它們不願付出機會成本。

5 編按：期貨和選擇權交易的專有名詞，指買賣金融商品（證券、期貨、貨幣、黃金等）的契約。

舉個例子，二〇一一年，我在高盛的前同事喬恩．科爾津（Jon Corzine），正在經營明富環球（MF Global），這是一間期貨佣金商與交易公司。喬恩曾經當過紐澤西州的州長和參議員，此外，他長期以來都是技術高超、經驗豐富、極為成功的交易經理。在評估全球局勢之後，他的結論是「歐盟與歐洲央行允許某些歐洲國家拖欠主權債務」的機率極低。他根據這個結論，投資了一大筆錢——大到他的公司賠不起。

回想起來，我認為喬恩在這樣的機率下做出的判斷，應該是正確的。最糟情境發生的機率很小，但不是零。儘管歐元區當局一度努力護盤，但歐洲主權債務債券還是慘跌到超乎許多人的預期。

這些債券最後回漲了，假如明富環球當初有維持資本準備金以度過這場風暴，這檔投資的結果應該還不賴。然而，這筆資金卻隨著美國史上最大規模的破產之一，最終石沉大海。

就我看來，這家公司的錯誤不在於它徹底忽視風險帶來的問題。**錯誤在於它將低機率的風險「無條件捨去」後，視為零風險**。若針對結果、潛在好處和風險做出更嚴謹的判斷，或許就能限制這家公司的損失，並最終存活下來。

投資時的懸崖勒馬：沒人知道真正的谷底是哪裡

當考量自己的個人投資組合時，我也試著嚴謹的分析風險。首先，我認為沒有人擅長在短期內持續預測市場行為（除了少數專業交易人），因此企圖這麼做實乃不智之舉。有件事讓我很火大，就是看著折扣經紀商對消費者打廣告，暗示他們有能夠打敗市場的分析系統。但事實與廣告剛好相反：**世上沒有「華爾街的祕訣」，只有知識與紀律**。假如有人真的知道這種祕訣，他們絕對不會公諸於世。

當我評估潛在個人投資時（比起個股，我通常寧可投資有人管理的基金），我總會試著判斷幾年後，而非短短幾季之後，會發生什麼事。假如我認為市場過於低估了迫在眉睫的風險（例如定價沒有考慮重大的地緣政治衝突，或通貨膨脹飆升），我就會稍微調整自己暴露於市場的程度，不會參與這些短期市場時機。

我也明白，無論我對短期或長期的判斷為何，都很難斷定這些判斷到最後是否正確。我在評估別人的預測時也是一樣的道理，當人們向我表達對市場的判斷時，我總是會問他們：

「這個判斷的不確定性有多高？」

我預測的不確定性，形式可能有很多種。

第一，我可能**誤判負面結果發生的機率**。特別是，我可能錯誤的假設未來必然會跟過去一樣——這是投資人常犯的錯誤，尤其在情勢相對穩定，或是長期以來都很正向的時候。最終，當投資人意識到世界其實已經改變，或許是經濟條件轉變，或單純因為市場做得太過火。等到那時候，通常都為時已晚，市場早已崩潰了。

第二，我可能**正確預測了事件發生的機率，卻錯估後果的嚴重性**。

第三，我可能**正確預測了各種機率和嚴重性，但很倒楣，低機率的事件發生了**。

我無法估計這些不確定性。我能做的，就是把它們列入考慮。假如我認為有一〇%的機率會賠掉一大筆錢，那麼我就會將它納入平均考量，並取得適合的期望值，接著我會說：「是啊，但你知道嗎？我很有可能是錯的，而且不是小錯，而是大錯。」因此，我會更加節制自己原本打算的做法。

我對於不確定性與風險的看法，會影響我在整體投資組合中願意承受的β估計值（β值是指市場績效與投資組合績效的相關性，比方說，假設市場跌了一美元，β值是〇・七，那你就會賠七十美分；假如你的β值是〇・六，那就會賠六十美分，依此類推）。我不只認清自己有賠錢的機率，也認清自己對機率與其嚴重性的判斷，有可能是不正確的。

因此，雖然我仍然以「α值」為目標（用來衡量投資在風險調整後，績效比市場好多少），但我的β值比其他類似的投資人還低一些。這並非因為我是風險趨避者（雖然某種程度上我是），而是因為我認為結果的不確定性比大多數投資人承認的還大，**雖然不確定性是把雙面刃，我仍希望能限制負面的效應**。

我也試著去考慮，每檔投資（無論股票、不動產、基金或其他任何東西）不只有下行風險，也有真正的尾部風險。有些人投資績優股，是因為他們假設這些公司的股價雖然會下跌，卻不至於會急遽惡化到完全倒閉。平心而論，發生這種事的機率真的很低，但不是零。例如很多人投資奇異電氣（General Electric Company），因為它曾被視為美國最頂尖的公司之一，結果卻眼睜睜看著奇異近年來穩定衰退。

有個普遍的看法是，所有風險（包括尾部風險）都可以藉由多角化策略來減輕。多角化確實有幫助，例如當我做了二十檔投資，其中只有一檔的績效較差，那應該沒什麼大不了的。但假如股市大盤暴跌，且沒有快速回漲，那麼就連多角化策略也頂不住。而且，橫跨資產類別的多角化也可能衰退。在極為緊張的市場中，**就算你橫跨的資產類別之間看似毫不相關（像是股票、債券、商品與不動產等），但實際上也可能有關**，因為同一時間，所有人都在退場。

另一個普遍的看法是，投資人在市場強勢成長的時期，必須意識到尾部風險，但在市場大幅下行時買進的，幾乎都是大好機會。某次我跟自己參與的組織開會，討論該怎麼投資它的資金時，就有人提到這個看法。我們當時正在討論，假如大盤暴跌，組織該怎麼反應？「如果市場真的大幅衰退，那麼我們的形勢就很有利，」負責人說道，他是一位非常能幹且經驗豐富的資產經理：「我們有現金可以利用這個優勢，所以我們應該買進。」

那個組織的委員會中，大多數人都覺得這個做法很好，但我打了個岔。我告訴這些受託人，我以前的合夥人鮑伯．馬努金（Bob Mnuchin）曾說：「逢低賣出的人可不是笨蛋。」他的意思是，**沒人可以猜到谷底在哪裡，或回漲需要多少時間**。嚴重的市場衰退之所以會發生，通常都有真正的理由。市場總是有可能變得更糟，並且停留在低點很久。

沒錯，回顧第二次世界大戰後的每個市場週期期間，假如你在嚴重衰退時買進，總是會得到好結果，因為市場每次都會回漲。所以你可以說，只要我所在的組織從事的是長期投資，那應該要買進沒錯。但支持買進的人，都忽略了一個風險。**過去總是奏效的策略，不代表它以後也會奏效**。或許市場不回漲的時刻會到來，或者市場仍會反彈，但花的時間遠比以前還多。

一九八九年末，日本的股票指數「日經」接近三萬九千點，但接著就崩盤了，三十多年過去後，它距離完全恢復還有很長一段路要走。至於美國在下次嚴重的市場衰退後，是否會發生類似的事情？我們沒有根據能夠完全排除這個可能性——儘管可能性極低。

我的重點不是這個組織（或其他人）是否應該在下行期間買進。我的重點是，市場恢復時間極長，或完全不恢復的機率總是大於零。這個資訊應該能讓我們知道，我們對市場的暴露程度要增加多少。

正因為認清了鮑伯．馬努金的重點所在，我才知道我做個人投資時該採取什麼方法。假如股價在市場下行時大跌，我會將現金投資在我認為長期期望值極高的地方。但比起大多數財務狀況與我相同的人，我非常謹慎，也非常保守。換言之，我會**放棄一些潛在好處，以避免在衰退惡化並長期持續時（雖然從歷史的標準來看，十分不可能），蒙受更大的損失。**

這也導致我的個人投資策略與許多同儕相比，有個截然不同的地方：**即使市場處於好的時機，我資產中的現金百分比還是稍微高了一點，假如市場表現好的話，雖然我不會大賺，但也不可能大賠。**嚴格來說，當通貨膨脹率夠高，而且持續得夠久時，現金就會大幅貶值，但損失並沒有「通貨膨脹加上市場大衰退」來得嚴重。

換言之，我付出了機會成本，以減少可能局面下的損失，無論嚴重負面結果的發生機率有多麼微小。我不知道我在長期的績效會更好或更壞，但這種方式讓我覺得更安心。對我來說，**減少風險所帶來的利益遠大於其成本。**

這並不表示我的方法是唯一的正確方法。企業界與金融界有許多著名人士（我非常尊敬他們的判斷和經驗），可能會主張增加我這種投資組合的市場暴露程度，並建議在大幅下行時更積極的增加。他們會觀察上一世紀的市場模式，並承認這些模式可能沒有預言性（儘管這樣的機率微小，卻不是零），但還是願意承擔這個風險。

客觀來說，兩種策略沒有高下之分，而且兩個決策都不一定正確。我們對於風險的容忍度可能不同，或者做判斷時，在風險程度或不確定程度上有歧見。但這都不表示我們其中一人是對的，而另一個人是錯的。事實上，我們或許都盡可能做了最佳的選擇，即使我們的結論不同；前提是，我們都了解風險的機率，並且帶著嚴謹的紀律應用這項知識。

也能這麼說，理性決策可能不只一種，前提是你採取理性的方式決策。反之，如果沒有採取理性的方式，隨著時間經過，就可能導致更不好的結果。無論你的投資額是小是大，也無論你投資的是股票、債券或其他資產，只要將風險內化成一個範圍，並以嚴謹的紀律分析風險與報酬。最終做出明智選擇，並且隨著時間正面發展的機率，就會被提升至最大。

適用於個人投資的做法，也同樣適用於組織和國家。將風險內化成一個範圍，不僅對個人至關重要，對公司與政策制定者也很重要。

採取行動：做沒必要的事，總比沒做必要的事好

舉個例子，我們這群財政部官員，當初建議柯林頓總統支持那些應付嚴重金融危機的計畫——一九九五年的墨西哥、一九九七年的東南亞和南韓、一九九八年的俄羅斯都遭逢過這

種危機。即使我們無法準確算出所有變數的數值，但我們的建議都有經過機率性思考。總統也用同樣的方式思考過自己的回應與決策，我覺得他值得讚許。

他認識到，我們的提案有不會奏效的風險，於是他權衡了「採取行動的利益」與「不採取行動的風險」。我認為他在每個案例中都採取了行動，且在事後看來是正確的決策，即使我們無法準確算出每個可能結果的機率，而且並非所有計畫的效果都如我們所願。

如果將這些應對風險的方式，用來回應現今的政策挑戰，會是什麼樣子？讓我們回到二十多年前我在副總統高爾辦公室初次討論的主題：氣候變遷。

高爾曾經向我描述的未來（假如我們不行動會怎樣）現在正在成真。更具威脅性的是，亨利．鮑爾森與我在那次晚餐中，聽到一群科學家稍微提過的最糟情境，現在回想起來很可能是肥尾。**正如我們擔憂的一樣，曾經看起來既極端又不太可能發生的情境，正在成為新的基本情況**。颶風變得更具殺傷力、野火季變得更長、旱災變得比以往更嚴重、在邁阿密海灘的部分區域（離我長大的地方不遠），海平面上升通常都伴隨著滿潮淹沒街道。

與此同時，一如湯姆．史迪爾幾年前在我們的電話中預測的，氣候模式的變化讓水資源變得越來越稀缺，不僅破壞農業生產、讓某些地方無法居住，並且開始產生難民危機，而我們對此毫無準備。而且這一切都有可能（其實是高機率）變得更糟，因為根據某些分析顯示，**這些情況可能將在未來某個時點導致戰爭**。

隨著越來越多人開始意識到氣候變遷所造成的危險。儘管已有人團結起來、以資金雄厚的活動試圖淡化這些風險，世界各地持續敢於質疑科學與人為氣候變遷效應（越來越有感）

的核心人物，卻正在減少中。

不過，美國應對氣候變遷的方式，正透露出其民眾和政治制度都尚未內化我們面臨的風險。就跟商業活動與投資一樣，氣候變遷所帶來的真正考驗，不只在於我們是否能描述出最糟的潛在結果。真正的考驗在於，**我們是否願意付出適當的代價，避免自己受其所害。**

這不代表對氣候採取行動，必定會對社會造成淨成本，即使在短期內也不一定。幾年前我跟湯姆聊天，他告訴我，他在計算所有數據之後，認為透過努力避免氣候變遷所造成的糟糕後果，我們的經濟將會成長，無論短期還是長期看來皆是如此；因為這麼做能夠發展新興產業、鼓勵投資、創造就業機會。大多數分析師都不認同這個看法，但假如湯姆的分析是對的，那麼避免自己受全球暖化所害，就是個更加顯明的政策選擇。

就算湯姆是錯的，當我們談到應對風險的方式時，重點還是不在於我們會不會付出代價，而在於**必要時願不願意付出代價**。我在座談會與私人談話中，相當意外的得知非常多人都認清了氣候變遷的重要性，卻還是不願接受有意義的取捨以應付它。通常都是一些推託之詞，他們會說：「氣候變遷是真的，但經濟很疲軟……我們還是等到未來再處理吧。」任何表達這種主張的人，都還沒有內化這種風險的嚴重性與急迫性。

不過美國普羅大眾還是有些進步。根據二〇二一年的一份民調，五二％的美國人願意每月支付一美元以對抗氣候變遷。然而，願意每月支付十美元的美國人只有三五％。對某些美國人來說，每年多支付一百二十美元可是一筆大開銷，而且若要減緩氣候變遷的進度，還有很長一段路要走，因此最沉重的負擔就落在最能夠負擔的人身上。

但事實依舊存在：假如氣候變遷一直沒有減緩，光是救災帶給納稅人的附加成本，每個美國人每月就得負擔遠超十美元的代價。我們大多數人甚至沒有完全考慮我們面對的風險範圍，甚至差得太遠了。

再者，雖然氣候變遷有許多成本可以量化，或至少大略估計一下，但有些成本仍然沒有辦法。經濟學家用了各種方法，試圖用美元計算人命的價值，但說認真的，避免戰爭、難民危機或饑荒之後所拯救的生命，該怎麼估價？就算用非量化的方法估計，這些成本都必須藉由某些形式，被包含在機率性分析內。

我們可以先從最佳情境開始（雖然這似乎極度不可能）——就算沒有進一步對氣候採取行動，最後造成的傷害依舊遠低於我們目前的預期。在發生戲劇化的大轉變事件後（例如科技發展有了突破，使碳捕捉和碳移除因成本降低而變得普及），全球暖化沒有惡化，或反而好轉的機率並不是零。但假如這種結果發生，我們為了保護自己免受氣候變遷所害而採取的額外行動，全都會產生成本，而沒有任何真正的效益。

然而，若是與期望值表的另一端相比，這些不必要的開銷根本微不足道。假如我們現在面臨的肥尾（很有可能肥到不行）成真，那麼接下來發生的事情，可不是「大災難」三個字就足以形容的。機率最微小、但依舊存在的風險，就是氣候變遷致使人類滅亡。

當我們以機率性的方式審視整個風險範圍，結論就很明顯了：**我們「採取沒有必要的行動」的代價，遠低於「沒有採取必要的行動」的代價**。這正是艾爾・高爾多年前強調的重點，他告訴我的那句「我們沒有犯錯的本錢」。

在這個充滿巨大威脅、而且威脅還在持續擴大的世界（不只是氣候變遷，還有核子武器擴散、流行病、科技創新與全球化造成的大規模經濟破壞等），我們實在沒有本錢以無效的方法應對風險。基於這個理由，用黃頁筆記法來應對風險，並不只是有幫助而已。在這個不斷變化的複雜世界，我認為它是唯一能夠充分應付不確定的方法。

從原本對風險抱持著單方面且單點的看法，到現在卻得認清結果與機率的完整範圍，這種轉變似乎十分令人不安。不過，**認清不確定性雖然令人不自在，卻是絕對必要的。**

事實上，地球上所有生命的未來，可能就要靠它了。

第 3 章

你是我班上那個魯賓嗎？

我們之所以成為現在的我們，也是因為我們的選擇所致：我們面對挑戰的方式、我們培養的特質，以及我們在生活當中特別放大的品行。

柯林頓總統第一任的任期剛開始沒多久，當時擔任國家經濟委員會主任，坐在白宮西廂的辦公室的我，收到一封來自佛羅里達的信。我立刻就認出了寄件人的名字：桃樂絲．柯林斯太太（Dorothy Collins）。

「你是我班上那個羅伯特．魯賓嗎？當時北灘小學（North Beach Elementary School）四年級的學生？」

一方面來說，對於柯林斯太太的問題，我有非常直截了當的答案：「沒錯，我就是。」我很清楚的記得她，她是一位傑出的教師。我在回信中聊了不少，後來也偶爾會跟她以書信往來，直到她於一年多後過世。

然而另一方面，柯林斯太太的問題其實很深奧，不只是簡單的是或不是而已。一九四七年，我坐在她執教的四年級教室內，當時我的人生有許多不同的可能方向。而最後我邁進的方向，至少可以說，是其中非常不可能的。

當我思考我的人生後（我曾有過的經歷、共事過的人們、做過的職位），我發現自己也在沉思柯林斯太太的問題，只是版本不一樣。一個小學四年級的學生有這麼多條路可以發展，為什麼我會走上現在這條路？

或者稍微換句話說，**我是怎麼變成現在的我的？**

我在人生不同階段中都有人問過我這個問題（有各種版本），而我也了解為什麼：我的成長過程中，有各式各樣的經歷是我始料未及的，而我這輩子走上現在這條路上的機率，或是擔任這麼多不同職位的機率，其實都非常低。所以大家都相當好奇是怎麼一回事。

但我天生就不輕信「成功指南」這回事。事實上，從任何客觀且普遍的意義上來說，我連「成功」本身都不輕信。當我思考我所認識的典型成功人士，我都傾向於將他們形容為「外部指標上的成功」。這種說法似乎與前者差別不大，但我覺得很重要。

我並不是在說，我知道自己的外部指標如何，或為什麼很成功（至少就許多方面來說）。當然也不是在說我知道其他人成功的方法。但我可以說，**我所認識的那些，成就上相當成功的人士（無論成功的定義為何），大多數都有一些共同特質。**

有些人的成功，是靠心態，我則是靠運氣

我所認識在外部指標上最成功的人之一，名叫弗農．喬丹（Vernon Jordan），他是位具開創性的律師、公民權領袖、政治顧問，晚年更成為企業界知名人士。他於二〇二一年過世，而在此幾年前，我們兩人曾在拉札德（Lazard）美國總部的合夥人餐廳共進午餐；拉札德是一間投資銀行，而弗農以政治家前輩的身分在那裡服務。

餐廳位於紐約市洛克斐勒廣場三十號的高樓層，就在洛克斐勒家族的舊辦公室附近。這個空間的設計，會令人覺得自己已經成為頂尖人士，我看向窗外蔓延的曼哈頓街景，跟弗農說道：「你知道嗎？當小時候我在邁阿密海灘時，從沒想過自己會來到這種地方。」

弗農回答：「我倒是一直覺得自己會來到這裡。」

對弗農來說，柯林斯太太的問題（他怎麼成為現在的他？），答案類似於「**命中注**

定」。弗農身為非裔美國人，在種族隔離下的美國南方長大，生涯早期面臨極大的逆境，甚至在一九八〇年還被白人至上主義者刺殺過。不過，儘管遭遇了這些事，我認為他在許多方面，都一直覺得自己命中注定要變得偉大。

我並不是很能感同身受。倒不是我覺得宇宙在跟我作對，我只是從來不覺得宇宙有特別眷顧我。而且回想我早年的歲月，**我也沒看到多少證據能證明我命中注定會這樣過活**。我念小學頭幾年的學習速度很慢，而且只要爸媽不在身邊時，我就會很焦慮。雖然從來不跟別人打架，但我仍是個難纏的小孩。當時的醫生會到家裡看診，某次我還很小的時候，因為不想上學就裝病，結果當醫生來家裡檢查我的情況時，我居然拿馬鈴薯丟他。在念完三年級之後，我們全家從紐約搬到邁阿密，而我的學業此時也大幅落後。

在四到五年級的時候，多虧了柯林斯太太，我終於追上同齡的小孩了，而我也再也不會拿馬鈴薯亂丟人。我並不是特別傑出的孩子。我念高中時成績還不錯，可也不是班上前幾名。我跟受歡迎的那群同學處得很好，但我從來就沒有融入他們。

就連我進哈佛就讀的時候，我都不認為有人會預測到我在最後會擔任的各種職位。我來到校園時，感覺自己完全沒準備好面對哈佛的學業挑戰，而且老實說，光是申請入學成功就令我感到意外。數十年後，身為哈佛的管理階層，我想起某次我對好友比爾・菲茲西蒙斯（Bill Fitzsimmons）感到驚奇的往事——他那時是哈佛的入學主任。比爾那時瀏覽了舊檔案，找到我的申請表並讀過之後，對我說：「嗯，你的意外並非沒有道理。」（我請他答應我不要翻舊帳，並撤回我的入學申請。）

我自認我的人生充滿有趣的經歷，但我二十歲以前從來沒預測到這回事。

我也沒有從小就立下遠大且長期的志向。或許，這就是我跟弗農這種人之間的另一個差別。我四年級時的目標就是升上五年級；我念大學時的目標則是把書念好、順利畢業。

就連**我大學畢業後，思考自己要做什麼時，腦海中都沒有明確的生涯道路**。我申請進入哈佛法學院，只因為這麼做似乎很明智。但當我申請成功、以法學院學生的身分回到校園時，身邊的人都專注於購買書籍、暢聊法律，令我自嘆不如。他們似乎承受極大的壓力，而我完全不想這樣。所以才過了三天，我就打電話跟父母說：「我想輟學，放自己一年假。」令我意外的是，他們都支持我，於是我前往倫敦政治經濟學院，修習它的非學位課程。

我在倫敦時，決定隔年重新註冊法學院（基於各種原因，雖然我重新申請哈佛成功，但我決定去念耶魯）。不過我猜，假如是別種人，也就是將目光放在我最後擔任的職位的人，應該不會只為了放個假把事情想清楚，就毅然離開哈佛法學院，在一九六〇年代初期尤其如此。事實上，輟學實在太反常了，以至於我離開之前，哈佛法學院的入學主任說，除非我去看精神科，並向他解釋我的想法，他才願意讓我回來（感謝精神科醫師，他向我保證我的行為完全正常，而且說真的，該看診的應該是那位入學主任）。

我不認為一個人像弗農這樣想像自己的人生，有哪裡不對。我猜這種思考方式也幫助許多人達成目標。但說到我自己的人生，發揮作用的並不是宿命感或人生目標。其中一個塑造我生涯的要素，還滿明顯的，就是「好運」。

除了一些特質，運氣成分同樣存在

根據我的經驗，許多人都不願承認運氣（無論好壞）在人生中扮演的角色。我猜，假如我給你一份名單，上面有五十個外部指標上很成功的人，然後請你去問他們：「你覺得運氣對你的人生有多重要？」大多數人都會低估它。

我絕對不會主張這些人「只是運氣好」。但我會主張，**他們的人生軌跡，不是僅用「優勢特質」就能解釋的。**

首先，任何被人認為非常成功的人士，都一定躲過了許多糟糕的厄運。在我這個年紀，我認識許多非常能幹的人，他們的生涯（甚至人生）都因疾病或意外而提早結束。另外有些人雖然非常勝任自己的職位，卻遭受遠超自己所能掌控的壞事（雖然沒有那麼極端，但還是能造成不小的打擊）——例如經濟衰退，或政治氛圍改變。

還有一種類型比較廣泛的運氣，重要到值得注意：**一個人是否受到社會惡劣的不平等待遇與歧視**。我出生在相對有利的客觀環境中，我的父母都受過大學教育，而且家境富裕。我是白人男性，這意味著我不是種族歧視或性別歧視的受害者。雖然我是猶太人，而且美國社會依然存在著反猶太主義，但它並沒有影響我的職場生活，要是我早出生個幾十年就沒這麼好命了。我父親從法學院畢業的時候，大多數一流律師事務所都不雇用猶太人，但當我從法學院畢業時，就已不再如此。

我還有其他因為好運而獲得利益的情況。我很幸運能在投資銀行業快速成長之際（無論是其範圍和重要性）投入這一行，而且更幸運的是，高盛的套利部門，剛好需要像我這樣想踏入金融界的人。套利部門是公司很重要的利潤中心，但雇用的人數不多，因此在我到職沒幾年、我的前輩為了非營利組織的職位而離職後，我就成了部門最資深的非合夥人。假如我進了另一個部門，這種事絕對不可能發生。

我認為，有些人不喜歡承認機緣的重要性，是因為他們覺得，這樣會使他們的成功因素少了幾分才華與職業道德。但我並不同意。我不認為坦承運氣好會減損任何人的任何價值。我認為這樣會令人心存感激，以及或許更重要的，**令人謙遜**。高盛的已故高級合夥人約翰・溫伯格（John L. Weinberg）曾說：「有些人是真的成長，但有些人只是自我膨脹。」**承認你自己的好運，就能夠幫助你成長，而不是膨脹**。

與此同時，運氣只能解釋人生軌跡的一部分，還有其他因素在發揮作用。我無法準確描述這些因素，但我通常會使用「思路」（wiring）這個字眼。當有人問我為何用特定方式做（或不做）一件事時，有時我會回答：「我的思路就是這樣。」

生涯自始至終，我見過有些人的思路，使他們更難達成一開始的目標。不管原因為何，他們的心理狀態都在暗中損害自己。這些人作繭自縛、與別人處不好，或無法應付壓力，結果使他們的生涯停滯不前，甚至逐漸終結。但我也遇過有些人的思路，幫助他們應付各式各樣的挑戰，並使他們邁向成功。

還有一種思路，不一定是正面或負面的，卻能協助一個人決定人生的旅程。比方說，假如我的思路不是如此，當我在民主黨全國代表大會上，穿著西裝、打著領帶、站在水深及腰的游泳池之中時，就不會是以下這種反應了。

特質一：認真投入、永不放棄（直到確定沒搞頭為止）

事情發生在二〇一二年，北卡羅萊納州的夏洛特市。我搭飛機從紐約出發的時候，其他所有乘客似乎都是要去參加大會。我巧遇了我的朋友珍．哈特利（Jane Hartley），她是一位企業家，後來接連擔任美國駐法國與駐英國大使。

「我們今晚要在麗池卡爾頓酒店的『撞球間』開派對，你真該來參加。」她說。

我降落在夏洛特市不久後，就抵達了派對現場。我那時訝異的發現，所有人都擠在房間的邊緣，沒有人站在中間的閃亮藍色地板上。我聊天聊到一半時，為了騰出一點空間，一不小心就踩到了藍色地板。結果發現，雖然其他的撞球間可能有噴泉或其他水景設計，但這間「撞球間」（pool room）還真的有個「游泳池」（pool）！

有些人會覺得這種情況糗斃了，但我唯一的想法就只是：「好喔，有夠溼的。」我走出游泳池，繼續原本的對話。幸好有位好心人，從旅館拿了一套衣服給我換，但在那之前大約有一小時的時間，我都穿著溼淋淋的西裝、拿著紅酒，跟朋友和熟人聊經濟政策和政治。

我已經提過鮑伯．馬努金的忠告：逢低賣出的人可不是笨蛋。而鮑伯還有一句格言：**「我們都是三種人——別人眼中的我們、我們眼中的我們，以及真正的我們。」**我無法客觀解釋我為什麼能繼續享受派對，而非不好意思的離開。但這次小經驗的道理，就跟更大、更重要的經驗一樣。我無法篤定回答我為什麼成為現在的我。我只能提供我的觀點。

不過，我現在已經花了好幾十年，同時「過生活」與「思考生活」。或許我沒有完全理解自己的思路，但我認為自己對於重要的人格特質（運氣之外的因素）有著深刻的見解，從而能幫助我回答柯林斯太太信上的提問。

其中一個特質是「認真投入」。這並不是說一個人要詳細籌劃長期目標。我之前說過，我從來就不會多想（甚至完全沒想）在五年、十年或二十年後希望達成什麼事情。我對於人生有幾個大方向的職業目標：我知道我想在財務上獲得成功；我想藉由某種方式從政（可能的話）。但我從來就沒有特定的生涯目標，像是成為高盛的高級合夥人，或財政部長。

我提到的認真投入，並不是在職場上力爭上游的意思，而是「**努力達成所有參與的事情**」。我這輩子跟許多高成就的人共事過，每個人的成就都不同，但他們幾乎都有這種認真投入的特質。一次我跟亨利．鮑爾森一起出遊釣魚，某天晚上他說，他打算在隔天早上六點抵達水面。

「六點？」我說：「我打算七點才起床。你為什麼要六點去呢？」

「我想在日出時位在水面上，這樣釣到魚的機率最高。」他簡單的回答。

亨利雖然平時都不慌不忙，但假如他想做到某件事（在這個例子中，是讓自己釣到魚的機率極大化），他就會極度堅持不懈。在高盛上班時，假如潛在客戶沒興趣與亨利合作，亨利就會不斷打電話給他們，直到他成功，或沒有任何成功的可能性為止。他總會全心全意的追求他的目標。

在那次的釣魚之旅，我的鬧鐘設在早上七點，所以至少那天我沒有像亨利這麼認真投入。但回想我的人生，我認為我對於更迫切的目標，也同樣的全力以赴。當我開始在高盛工作的時候，我不認為自己會成為合夥人，但我每天都有事情要做，而我會盡力顧好它們。我也接觸了自己分內工作以外的事情——假如我能幫助到部門以外的人，並藉此接觸其他領域，我就會試著參與其中。**我或許無法成功辦到每件事，但在我用盡所有方法之前，幾乎從不放棄**。我跟亨利一樣，會追求目標直到我達成它們，或確定我辦不到為止（但平心而論，我可能真的沒有亨利這麼拚）。

特質二：保持腦袋清晰、別被輕易打倒

在巨大的壓力或動盪之際，認真投入尤其重要，因為它能幫助人們專注於自己能達成的事情，並且避免因自己無法達成的事情而分心。我曾擔任「地方倡議支持公司」（Local Initiatives Support Corporation，簡稱LISC）的董事長好幾年，它是個非營利組織，光是二〇二一年，就提供了二十一億美元（來自聯邦稅收抵免、政府計畫、大企業與基金會）給在美國低收入地區推廣社區發展的組織。二〇二〇年，LISC就跟無數的非營利組織一樣，受到雙重危機打擊——新冠肺炎疫情，以及喬治．佛洛伊德（George Floyd）被謀殺後，遲來已久的種族清算。

LISC很容易被這種鋪天蓋地的新挑戰給擊垮——無法延伸組織目標以面對此刻，或

者延伸過頭、超出現有的能力。但當時我們的執行長莫里斯・瓊斯（Maurice Jones）表現出色，他持續專注於我們的核心使命，同時找機會尋求新夥伴，並拓展LISC的影響範圍。在壓力大到不可思議的時局下，他極度專注於LISC的使命，讓組織能夠發動各種新計畫，同時依舊維持其事業核心。

我所認識的傑出人士中，還有一個共同特質，就是心理韌性。**人如果能負責後果重大的決策，那他必定能安然度過人生的高低起伏**。這跟「冷酷」、「平靜」、「鎮定」是不一樣的。例如我剛進高盛的時候，負責經營這家公司的是格斯・李維（Gus Levy），他一點都不心平氣和。只要壓力太大，他就會訓斥員工，並在辦公室大發雷霆。但他都設法發揮自己的能力，做出明智的決策，即使在動盪的時刻也是如此。**他或許不心平氣和，但腦袋很清楚**。

某種程度上，一個人的心理韌性會隨著時間累積：如果你做了一個高風險的決策，無論結果為何，下次再做高風險決策時就會簡單一點。但光是反覆做決策，並不能保證這個人就能維持腦袋清晰。我釣魚時隨時都會看到這種問題，只是當然，釣魚的風險比較低。旋式餌釣[1]（我小時候的釣法）的拋餌是很簡單的流程，不過飛蠅釣的拋線就是一門藝術了。不但很難做好，而且不可能每次都成功。有些人在學拋線時，會反覆練習，直到看起來很厲害為

1 編按：使用旋式釣餌引誘魚上鉤的釣法。當線被捲回時，釣餌上的葉片將隨著水流被動旋轉，進而激起水流和噪音，並激起掠食性魚類的覓食本能。

止。可是當他們真的看到魚的時候，卻開始緊張、亂了陣腳。

由此可見，練習不一定令你熟練。**面對來自真實世界的壓力，你必須設法不緊張**。

對某些人來說，讓他們在壓力情境維持決策能力的機制，就是自信。我跟勞倫斯・薩默斯在聊籃球的時候，就討論過這件事（我這輩子都是紐約尼克隊〔Knicks〕的球迷，這或許能證明一件事：雖然我極力鼓吹理性思考，但我也並不總是理性）。勞倫斯說，職業籃球員必須有「不理性的樂觀主義」：假如上次投籃沒進，他們還是相信下次會進。

我反駁：「是沒錯啦，但他們的樂觀還是得要結合判斷力——否則他們每次拿到球時都會選擇投籃。」

我認為，任何需要做出高風險決策的職位，都必須設法讓自己有信心，才不會失去做出明智判斷的能力——**對下次投籃保持樂觀，但也不要亂投**。

我有一招在艱困時刻維持腦袋清晰的方法，那就是盡力達到最佳決策，同時承認事態不順利的可能性。無論在套利部門擔任重要職位、向總統建議行動方針，或對董事會或高階幹部表達意見時，我的態度通常都可以總結如下：「我認為這個決策有可能是對的，但我無法保證。」我可能會誤判機率，或者即使我正確估計了機率，其負面可能性還是會成真。

如果我想再讓自己或別人安心一點，那就只能這麼說：「這件事我做了好幾次，而且有效；雖然這不表示它下次也一定有效，但這應該能增加我們的信心。」

承認失敗明顯的可能性，似乎不像是安慰自己的機制，但不管原因為何，這招對我有效。我總是能夠認清一件事實：**我的決策無論做得再好，都不一定會有成功的結果；同時，**

我對於自己的決策依然維持著基本的信心。

我還有一招跟職業籃球員很像，但可惜的是跟控球或三分線無關：就跟大多數我認識的位高權重者一樣，**我不太會一直去想不好的事情**。在球場上，當尼克隊球員沒進球時，他只會拍拍手然後繼續比賽。

這項能力對任何人都很重要，但對位居領導地位的人尤其重要，因為組織內其他人都深受領導者的情緒影響。舉個例子，柯林頓總統在一九九二年競選活動時出師不利，他後來重新振作，被譽為「東山再起的小子」（Comeback Kid）。我一直覺得他特別厲害的地方，就是不會因挫折而一蹶不振。我認為這也定調了他的整個政府，並使他更容易達成目標。

持續向前邁進的能力，對我的人生也非常有幫助；這是從高盛套利部門開始的，我們基於機率，頻繁做出巨大的決策。而無可避免的，其中有些決策的結果不好。當這種事發生時，我總會試著謹慎且批判的思考：我應該採取不同做法嗎？有沒有可以避免這種結果的方法？但思考完後，我就會繼續向前邁進，而非一直掛念此事。即使出現的是正面結果也一樣，**當事情順利發展時，我也不太會得意忘形**。

我認為這種人格，在位居高位、做決策時非常必要。你必須從錯誤中學習，但不能太沉溺其中。你必須能拍拍手說道：「好吧，過去就過去了。繼續幹活囉！」成功的時候也一樣，你不能因為成功而過度自信，或就此滿足、不求上進。我這輩子始終都在努力做出最佳決策，其中有些決策的發展符合我的希望，有些則沒有。但無論結果如何，我都會試著審視做對或做錯的地方，這樣一來，便能為了將來不斷學習——接著，我就會邁向下個挑戰與下個決策。

心理韌性的另一個要素，是承受批評的能力，尤其是來自大眾的批評。自由言論在我們的民主中不可或缺，而且當公眾人物被媒體批評時，這些批評通常都有其道理，但我認為媒體也經常聳人聽聞與過度簡化議題。公眾批評可能會逐漸削弱某些人的運作能力，而且被批評的人幾乎都會受其困擾。

但有效率的決策者，並不會任由這種批評阻撓他們的努力。例如，我一直都很欣賞經濟大衰退期間的財政部長——提摩西．蓋特納（Timothy Geithner），他始終保持冷靜，以不受歡迎的政策支持金融體系，結果同時招來左翼跟右翼的撻伐。我很確定，負面的關注有時會困擾提摩西，但他不會讓這種事影響自己的判斷，而且到最後，他的行動協助穩定了市場，避免經濟大衰退更加惡化，並且促進經濟復甦。

我另外注意到，高度成功人士還有一個共同點（儘管它很難定義），就是把事情搞定的能力。這聽起來很籠統——畢竟我們所有人，都是有時能搞定事情、有時卻搞不定。而且這聽起來也很像廢話，畢竟，成功人士的定義就是能成就許多事情。但我跟許多具備這種特質的人士共事過，並認為這種特質不容忽視。**有些人對於機制與流程有概念，藉此讓構想成為現實，而且能以別人辦不到的方式，有效的引導這些構想**。

若要舉一個有能力搞定事情的人為例，我所能想到的最佳人選，就是我的前財政部幕僚長——希薇亞．馬修斯（Sylvia Mathews）。無論我們腦海裡有什麼目標或提議，我都相信希薇亞知曉各種不同的成功之道。

她似乎有某種第六感，能夠預判我們應該跟誰談話、誰的意見對誰很重要，以及我們的決策或構想要按照什麼順序來實施。這種與生俱來的理解力幫了她很大的忙，而且不僅限於我們共事的時候；後來她在柯林頓執政時擔任其他高官，接著又成為巴拉克・歐巴馬（Barack Obama，二〇〇九～二〇一七年任美國總統）執政時的行政管理和預算局局長，以及衛生及公共服務部部長。

特質三：千萬不要假設任何事情

另一個影響我人生方向的特質，我稱之為「**精力充沛的好奇心**」。大多數人或多或少都有好奇心，但當我說某人擁有精力充沛的好奇心時，我是指不一樣的東西。

精力充沛的好奇心，有個明顯的特性，就是對所有事情抱持懷疑的態度。根據我的經驗，許多人看事情都只看表面，但我生來就並非如此，我與生俱來的本能，就是看透事物的內在本質。我在法學院時曾修過一門法務會計課，雖然教授在課堂上讓我們熟悉了會計的基本原則，但我學到最重要的事，則是看透數字背後真正的情況。當格斯・李維經營高盛時，他也將懷疑的態度建立於公司文化之中，並不厭其煩的提醒周圍的人：**「千萬不要假設任何事情。」**

用建設性的懷疑態度處理事情，不只是在商場上管理自己的妙招，也是度過人生的好方法。**看透事物的本質、弄清楚該問的問題、探究真正的情況**。如此一來，你就能做出更好的決策，並加深對這個世界的理解。

精力充沛的好奇心往往是主動，而不是被動的。許多人時不時都會有疑問，但具備精力充沛好奇心的人，總會打破砂鍋問到底——假如他們想不出答案，就會更深入探索。舉例來說，新冠疫情期間，我跟前哈佛校長德魯・福斯特（Drew Faust）聊天，不知道為什麼，我們當時聊到了國家認同這個主題。美國是否失去了共同價值觀，以及共同的國家團結力與信心？如果是的話，這對美國的未來有什麼意義？

我們對國家認同的討論，本來可能聊完天就結束了。結果它反而延伸發展成一系列的 Zoom 講座，主持人是德魯、我、提摩西・蓋特納、企業家兼慈善家瑪麗－喬西・克拉維斯（Marie-Josée Kravis），而一小群來自學術界、政府、軍方、企業與媒體的領導人，在此齊聚一堂。

這個講座並沒有任何專業目的——我們只是覺得這個主題很重要，所以聚集了一群思慮周延的人來進一步討論它。毫不意外的，對於德魯與我一開始提出的問題，我們並沒有得到任何決定性的答案。但這次探索卻對相關議題提供了更廣泛的理解，並且同時啟發了人們的思考。

精力充沛好奇心的最後一個明顯特性，就是**多方嘗試**。根據我的經驗，許多人具有我所謂的「線性好奇心」。他們想知道跟他們直接相關的事情：工作、職業、家庭、嗜好。但具有精力充沛好奇心的人，興趣通常都很廣泛，不只是與他們的生活最相關的事情。我認為，我自己的好奇心就是兼容並蓄的。

比方說，我在閱讀上不會挑食，因為我覺得每本書都有其價值，而且，我甚至很少閱讀商業、金融、公共政策或經濟方面的書。反之，我在逛書店時會拿起任何引起我興趣的書，這通常意味著，我會同時讀好幾本非虛構作品，通常還會讀一本小說（寫下此段的時候，我的床頭櫃上正擺著一套伊迪絲・華頓[2]〔Edith Wharton〕的短篇集、一本關於一二一五年的非虛構作品、一本間諜驚悚小說、一本重新審視亨利・季辛吉[3]〔Henry Kissinger〕以及世界觀與他相同者的歷史書，以及一本最適合我的書——《為了樂趣而閱讀》〔*Reading for Pleasure*〕，這是一本精選集，於一九五七年由貝內特・瑟夫[4]〔Bennett Cerf〕彙編而成）。

在某種程度上，你也可以為別人培養精力充沛的好奇心，我就曾經那麼試過。舉例來說，我在森特爾維尤合夥公司（Centerview Partners，獨立投資銀行）擔任高級顧問時，年輕人有時會向我請教生涯建議，而我會把以前告訴高盛年輕人的話再講給他們聽。首先，做你的工作，而且學著把它做好。但接著，你得參與事業之外的活動。你將會學到你所生活的世界的其他部分，並且認識各行各業的人。

確實，用這種方式拓展一個人的視野，有時對他的生涯是有益的。理解你的事業以外的世界，並且接觸那些抱持其他興趣與觀點的人，能夠協助你接洽客戶或做出決策。但這不是

2 編按：美國女作家，代表作為《純真年代》（*The Age of Innocence*）。
3 編按：前美國國務卿、國家安全顧問，任內對蘇聯採緩和政策，以外交手段與國際關係理論聞名。
4 編按：美國作家、出版商，以及美國出版公司蘭登書屋（Random House）聯合創始人。

我給年輕人這個建議的原因。我所認識的外部指標成功人士中，有些人興趣很廣泛，有些則否。我只是覺得，廣泛接觸這個世界，能夠讓人生更加有趣與滿足。

特質四：忠於自己，但也兼顧溝通之道

還有另一個特質，同樣大幅影響了我的人生軌跡，**那就是我的本性較為忠於自己**。忠於自我可能牽涉到重大議題，但也牽涉到風險極低的情境。

例如我在離開財政部不久後，到花旗集團擔任高級顧問。彼時花旗與旅行家保險集團（Travelers Insurance Group）合併，而我的新職務，就是協助新公司的兩位共同執行長攜手合作。我也會見了客戶與潛在客戶、協助花旗組成管理委員會，並積極參與各種廣泛的策略性事務。

企業請人來擔任這種顧問職位，其實稀鬆平常，但因為當時的不久前我還是財政部長，所以我受僱的新聞一時間占滿了媒體版面。公司還安排了一個記者會，在開始之前，我跟花旗集團的共同執行長之一桑福德．威爾（Sanford I. Weill）一起站在後臺，他的個性非常強勢。在我們踏入擠滿記者的房間之前，桑福德拿了一個小別針給我，它的形狀像是小紅傘，也就是當時的公司商標。

「拿去，戴上它吧。」他說。

這個別針既不大也不招搖。桑福德非常以他的公司為榮。從各種有意義的角度來說，戴

上別針並不會困擾我，而且他應該會為此感到很感激。

但我想都沒想，就清楚感受到，自己不是那種喜歡戴上公司商標的人。更何況（重點在此），我從來也不是那種會背離自己作風的人。簡單來說，我不喜歡這個傘型別針，所以我婉拒了桑福德的提議，沒戴別針就上臺了。

理論上，忠於自我聽起來很直截了當，但實務上卻很複雜。我這輩子在許多組織待過，也看過優秀的團隊（無論規模大小）能夠成就多少事情。我喜歡與別人共事，但也擔任過許多不是最終決策者的職位，也並不總是完全同意別人的決策。我必須弄清楚如何表達自己的看法，同時依然對團體有幫助；有時，我還得想想該怎麼支持一項我不同意的決策，卻不說出任何違心之論。此外，即使身為某個議題上最資深的人，我還是會考慮別人的看法，並且以我不完全同意的方式來調整決策；這樣有時滿有建設性的，因為重點在於獲得贊同或推廣共同參與感，並同時忠於自己的看法。

而這就是忠於自我時的真正挑戰：**如何維持自我、理性正直、獨立的感覺，同時依然成為團體的一分子。**

面對這種挑戰，許多人會覺得戴上傘型別針比較省事（以我的例子打個比方），即使他們強烈感覺這不是自己會做的事。有些人為了避免這種兩難，則乾脆打從一開始就不抱持堅定的看法。我記得有幾次在白宮開會時，有些官員似乎只說他們認為柯林頓總統想聽的話，而不是表達自己的意見——甚至連自己的意見都沒有（但諷刺的是，如果你只說你認為總統想聽的話，反而會讓柯林頓看不起你）。

我明白這個策略的便利之處，尤其在短期內能帶來的效益。但我認為**一個人如果發表了違心之論，那就會嚴重危及專業**。無論在政府或其他地方，我總覺得我的責任，就是為了達到最佳決策而貢獻——這也意味著提出我最誠實的意見。如果反其道而行，就會危害我所屬的組織。

與此同時，**忠於自我並不會妨礙一個人思考該怎麼表達他的看法**。我在白宮與財政部工作的時候，我與我的團隊會基於已知事實提出最佳建議，無論我們認為總統喜不喜歡，而這也正是他想要的。但假如我們知道自己講的東西總統不愛聽、甚至不想聽，我們也會思考該怎麼藉由他能理解的委婉方式，好好解釋我們的重點。

我的老友、已故的比爾．林奇（Bill Lynch），在擔任紐約副市長期間曾經詳細說明過這個概念：「有時候你必須先說一件事，再說另一件事。」無論我的說話對象是美國總統、企業界的同事，或社交場合中的朋友，這個建議都很實用。我不會背離自己的想法，但這兩種說法卻有很大的不同：「你錯了，讓我告訴你為什麼。」以及「你知道嗎？你有些地方說得對，而且你的看法有可能是對的。但對於這個情況，我的想法大致上與你不同，而我的理由如下……。」

在給別人回饋的時候，兼顧「不得罪人」與「忠於自我」是很重要的。雖然我經常必須批評我的部屬，但我會試著先講幾件正面的事情，再把負面的事情講出來。我並不是不坦率，因為我不會把自己不相信的事扭曲成正面訊息。但只要謹慎思考我想表達的批評，就能只傳遞必要的訊息，同時讓對方在接受訊息時盡可能不會感到過度焦慮、防備或者敵意。

當然在某些場合，你可能表達了自己相信的事，但最終決策者還是選擇了你強烈反對的行動方針。這個情境也是忠於自我所帶來的複雜挑戰之一。不妨思考一下柯林頓執政期間，在美國眾所皆知的爭議——「福利制度改革[5]」。我反對這個計畫，因為我認為它會讓民眾無法受到社會安全網計畫的保護。我也懷疑該計畫要求福利受助人去找工作，是否真的能有意義的增加就業率？我在內閣會議室跟高級官員們開會時，表達了我的反對。但柯林頓總統最後決定實行這條法規，並於一九九六年簽署《個人責任與工作機會調解法案》（*Personal Responsibility and Work Opportunity Reconciliation Act*），以回應他的競選承諾「終結我們所知的福利制度」。

關於這個議題的爭議，以及我在爭議中扮演的角色，都闡述了一個常見的問題：**當你的組織做了你不同意的事時，該怎麼實行你不支持的決策，卻仍然忠於自我？**

你可能會改變自己的看法以配合領導者，藉此逃避處理這個問題。我偶爾會看到人們說出自己相信的事，有時甚至清楚表達了他們的理由，但當最終決策者的看法與他們相反後，他們就完全顛倒自己的意見。

這種善變的思考顯然不是機率性的。一個人對於機率與結果的估計，不該只因為負責人

5 編按：在該計畫之前，美國的福利制度有不少爭議效應，如領取補助的無業人士，可能會因就業後將失去補助、需要以微薄的薪水自行負擔開銷等理由失去求職動力，持續以補助金生活。柯林頓的計畫與後續法案便有如要求受補助者須在兩年內就業、限縮補助族群條件等改革。

的判斷不同而改變。因此在這種環境下，這又是另一個無法忠於自我的危機：**為了盡可能處事圓融、避免因為不同意周圍的人而產生情緒上的不適，你可能會失去自己的實際想法，進而損害你做出明智決策的能力。**

比較好的做法，是把你「身為團體成員的行動」與「個人看法」分開。這如果這牽涉到基本原則，就可能辦不到。比方說，假如柯林頓總統命令我捏造或虛報數據（其實他從來沒這樣做），我應該會辭職不幹。但在大多數情況下，當你不同意組織的決策，挑戰之處就是要弄清楚怎麼支持那個決策（而且有時甚至要公開支持），卻依然忠於自我。

比方說，柯林頓總統簽署福利改革法案之後，我從來沒在公開場合（無論接受記者採訪或受邀演講）稱讚過這條新法規，因為這樣有違我的真實想法。但與此同時，我也不會公開表示：「我不同意總統的看法。」因為彼時我正擔任公職，千萬不能這麼說話。我反而會談論社會安全網的各種問題、政府的整體目標等，這樣大致上算是在支持新法，卻不必表達任何違心之論。短期內，比起假裝認同總統的看法，或被動採納它（不跟最終決策者唱反調），我這種做法困難很多，但我的努力是值得的（幸好，就我記憶所及，沒有人真的問過我這個主題，所以我不必走上這條險路）。

忠於自我或許不容易，但根據我的經驗，它能帶來很多好處。首先，人們一般來說（雖然也不一定）會比較尊重誠實的人，前提是你的表達要圓融一點。不是每個領導者都像柯林頓總統一樣，對不受拘束的爭議抱持開放態度，但假如你很倒楣，上級是一個聽真心話會生氣的人，那麼這個局面可能會隨著時間過去而難以維持。

另一個忠於自我的好處，是你**不必記得之前說過的話**——你只要知道自己在想什麼就好。你不必為了表達看法而制定策略，**因為你知道你的立場，而且你所說的一切都忠於這個立場**。這不代表你的想法不會隨著時間或接受新資訊而改變，且完全不受情緒或策略左右。但只要你忠於自我，表達自己的想法時就會更清楚、更一致，即使你有為這些想法留下日後發展空間。

忠於自我對位居領導職位的人尤其重要，因為人們更容易記得領導者說過的話，即使領導者自己早就忘了。假如你只說真心話，就更容易領導眾人朝一致的方向邁進。

忠於自我的另一個層面，就是**行事符合職業操守**。我父親以前告訴我，他的稅該繳多少，就繳多少——從來不會貪小便宜或利用法律的灰色地帶。他只在乎做正確的事，也不想過著提心吊膽的日子，擔心未來某人揭穿他的不當往事或不法行為。

不知道是因為天性如此還是後天養成，我採取的方法也差不多。我猜我跟我爸一樣，被各種原動力驅使：最主要是我的看法很守規矩，在財務上舞弊本來就不對，因此我舞弊的話會良心不安。但我也是出於自利的角度行事：我可不想被這輩子一直擔心被逮到。

有時，我會遇到完全不擔心這回事的人。我剛進高盛的時候，有一次我們試著跟另一家投資銀行結盟做生意，於是我去拜會對方的高級合夥人。我提到一些顯露出的問題跟擔憂，可能會讓客戶不想跟我們交易。結果對方說道：「好吧，我們就跟客戶這樣講好了……。」然後他編了一些故事，對客戶很有安慰效果，而且能幫我們賺大錢，但這些不是事實。

看來這位高級合夥人是個難纏的人——而且他跟我公司老闆格斯．李維交情非常好，但我覺得他的建議不對。「我們不能跟他們這麼講，」我說：「我不認為那是實話。」結果他對我非常生氣。我離開了他的辦公室，而當我回到公司時，他已經打電話給格斯，告訴他應該要開除我，因為我不願意做能夠拉到生意的事。

幸好，雖然格斯有時是個難搞的主管，但他很有職業操守，所以他一笑置之，不理會他朋友的建議。我很幸運能跟這樣的人共事，他很在乎賺錢，但不願意用不誠實的方法賺錢。假如格斯．李維不是這種人，我的生涯可能在那一刻會有非常不同的轉變。

減少運氣的影響，正是社會該努力的方向

這又讓我回到柯林斯太太的問題。我之所以想探索：我怎麼成為現在的我，其中動機多半是個人因素。我認為我的人生過得很有意思，而且覺得光是檢視這樣的人生也相當有趣。但我思考了運氣與思路七十多年來（打從我在柯林斯太太的班上開始）所扮演的角色，我認為其中有兩種意涵變得十分清晰——一個在政策領域，另一個則涉及個人行為。

有很多因素都會決定一個人在社會上的幸福與影響力，而運氣是所有因素中相對重要的。**因此，政策意涵必須考慮到運氣**。前文提過我在LISC的工作，我看過這個組織設法改變美國各地低收入社區居民的生活——金援「食物沙漠」（買不到生鮮雜貨的地區）中的超市、將廢棄的工業大樓改建成小企業與創業家的辦公空間、大範圍翻修街區住宅，以及其他非常多措施。

在ＬＩＳＣ的工作也幫助我以更堅定的態度，理解我長期以來所相信的知識或理論：有太多美國人不幸被困在貧窮的惡性循環中，而且除了極少數例外，大多數人都無法只靠自己與家人打破這個循環，無論他們多麼有才華，或多麼願意努力工作。

在我目前為止的一生中，我們的社會已有真正且歷史性的進步——當我在柯林斯太太班上的時候，美國南方的教育體系仍在實施種族隔離。但與此同時，我們還有一大堆工作要做。在某些方面，由於數種因素（包括全球化與自動化，它們消滅了製造業許多就業機會，而且缺乏能夠有效處理這些態勢的政策），讓許多家庭世代都困在貧窮的循環中，近幾十年來又更加惡化。

根據哈佛經濟學教授拉傑·切蒂（Raj Chetty）的實驗室分析，低收入家庭的孩子，在三十歲時的收入高於父母的機率，已經比我小時候還低了。如今在美國出生的小孩，仍然受制於所謂的「郵遞區號樂透」，也就是**一個人出生的社區與環境（這顯然不是任何人能掌控的），將對其未來發展有極大的影響**。

已經成功的人，當然會有明顯的理由相信，我們的世界純粹是用人唯才。雖然個人能力與職業道德，確實是決定一個人是否在經濟體中成功的重大因素，但運氣一直也扮演著非常重要的角色。而這對我們的社會是有巨大負面意涵的，因為如果我們沒有藉由實際作為讓所有民眾做好準備、在主流經濟體中獲得成功，我們將會付出巨大的代價；但如果我們有所作為，就能實現巨大的利益。

我們不可能完全了解已經損失了多少，因為在我們其中，有許多人已經落後了，我們永遠無法將運氣排除在這種平衡之外。但我認為，**經濟政策有個很重要的目標，就是減少運氣的影響成分，並加重才華、個人特質以及辛勤努力對個人成功機率的影響**。

對政策制定者來說，運氣因素是有意涵的，值得思考；同理，對於個人來說，思路是有意涵的，同樣值得思考。我絕對不會說，我已經完全理解我的人生為何如此發展，或我認定的特質是成功的必備要素。但我真的認為，那些我所認定，對自己的旅程特別重要的特質（認真投入、保持腦袋清晰的能力、精力充沛的好奇心、忠於自我、職業操守），對任何人來說都很實用，無論他們處於生涯的哪個階段。

當然，這也延伸出一個問題：這些特質可以經由後天學習嗎？還是與生俱來？我認為這個問題很複雜。我這輩子見過許多人做出有意義的改變——包括我自己。與此同時，我也相信人們基本上都傾向做自己。在大多數情況下，某人曾經做過的行為，可以用來預測他未來的行為。

我尤其懷疑「人是可以迅速改變的」這個概念。你可能會期望新的環境、職位或嗜好將把你變成截然不同的人。我曾親眼看過有人改變習慣與嗜好，結果不僅讓他的心情變好，還暫時紓解了壓力。人雖然能逃避客觀環境，卻無法逃避自己。

我記得在財政部的時候，曾跟希薇亞．馬修斯講過這個道理。有一次週末，她跑來跟我說：「我快累死了。」我能夠體會——她擔任的職位令人喘不過氣，而且她工作非常認真。她告訴我，她週末打算去巴黎喘口氣，而我也鼓勵她這麼做（她可不是要問我，去巴黎玩兩天是不是個好主意）。

但不知道原因為何，我覺得我必須用預測的口氣來加強我的鼓勵：「我覺得你這個週末，應該能在巴黎找到自己吧！」假如腦袋轉個不停，你根本無處可逃。

話雖如此，我不認為一個人的思路或心理將決定他的整條人生路線。我看過有些人對自己的行為作出顯著且正面的改變，而且有很好的結果。有些人長期以來都努力工作並審視自己，這讓他們能夠找出最有成效的特質，並壓抑那些妨礙他們的特質。有些人則是被一件事激發了沉睡已久的特質，也就是潛在的內在能力。

因此，我認為柯林斯太太的問題，不只適合那些回顧數十年人生經歷的人，還適合任何人的任何人生或生涯階段。我們之所以成為現在的我們，部分是因我們的思路所致。但這樣的脈絡之中，我們之所以成為現在的我們，也是因為我們的選擇所致：**我們面對挑戰的方式、我們培養的特質，以及我們在生活當中特別放大的品行**。

第 4 章

誰該納入我的團隊，誰又該被升遷？

只要願意讓個性難搞的人擔任重要職位，組織通常會受益良多。提攜績效不彰的人，不但會損害組織的運作，最後還會打擊組織內的士氣。

一九八〇年代，奇異電氣公司的第二號人物賴利・包熙迪（Larry Bossidy）來到高盛，對公司的合夥人做簡報，主題是管理。奇異在當時是重量級企業，而賴利又是美國企業界中既重要又受人尊敬的人物，所以我們非常想聽他演講。

我們聚集在合夥人會議室，聆聽賴利在管理部屬時學到的經驗。我記不得許多細節，但仍記得我當時的反應，強烈到連我自己都有點驚訝：「他講的這些，幾乎和我們沒關係。」

這樣講感覺很誇張，但本質上是對的。我對賴利簡報的反應，並不是在批評他的成功，或他領導組織的技巧。他的原則對他而言很有效，或許對於在類似的公司、有類似性格的人也很有效。但是在奇異學到的一系列具體的「管理課」（奇異當時是大企業，員工都一個口令、一個動作的執行事項），似乎不太可能同樣適用於其他組織，無論其大小或文化。

我很懷疑具體的規則及鉅細靡遺的「做與不做」清單，而這也是我不喜歡讀管理書籍的原因之一。而且我接受過少數幾次主管訓練，也覺得不怎麼樣（不過有個例外，是高盛某位顧問，他樂於助人，而且不拘泥於規則。我跟他處得很好，因為他會給我實用的建議，而不是對我上管理課，而且他的飛蠅釣很厲害）。我不是說這些書籍跟訓練對某些人（或許大多數人）沒有用處，但在上一章中，我提出了「思路」的概念，而我的思路不覺得這些東西對個人有幫助。

儘管如此，我還是花了很多時間思考該怎麼有效管理別人，不只是在私人部門，還包括公共與非營利部門。我曾經負責管理的人們，後來也去管理大組織，其中包括大企業、內閣部門與大學。

換言之，雖然我懷疑一體適用的管理規則是否真實存在，但我堅信管理需要好好思考，而且好的管理者也是任何組織的關鍵。因此，有效的管理方式非常寶貴，但又臭又長的「做與不做」清單一般來說並不算有效。我所採用的廣泛方法，其核心在於擁抱人類的複雜度：**認清並應對個體與生俱來的優點、缺點和動機，然後努力給他們最佳的成功機會。**

我絕對不會說我的管理方式是唯一成功的方式，或甚至是客觀上最棒的。但我思考管理的方式，對我的生涯非常有幫助，而且我認為它對其他個體與組織也會如此。

只穿襪子上班的傢伙，也可能是塊璞玉

我對管理的思考，可以回溯到我早期在高盛任職時的一次領悟。一九七五年，彼時我是套利部門的第二號合夥人，而我的上司叫做 L．傑伊．特南鮑姆（L. Jay Tenenbaum），我非常尊敬他。有一天，傑伊告訴我他即將退休，即使那時他還算年輕。不久後，另一位高級合夥人——雷．楊（Ray Young）前來找我。

「你以後要經營套利部門了，」他說道：「但真正的問題在於：你這輩子想做什麼？如果你想要的話，你可以繼續長期經營套利部門。它會賺很多錢，而你個人的財富與在公司內的地位都會水漲船高，但這是一條窄路。」

他繼續說道：「或者，你也可以開始去理解別人，**認清他們都有自己的問題，然後試著幫助他們成功，在更廣泛的意義上成為管理階層的一部分**，並開始在公司的存續上扮演更重

大的角色。」

為了讓大家理解雷在跟說我的話，我必須提一下，五十年前華爾街的交易大廳跟現在非常不一樣，而且比現在不文明得多。我清楚記得，有一次某位合夥人對另一位合夥人發飆，因為後者在沒有告知前者的情況下，賣掉前者的一個部位。前者在後者坐在交易櫃臺的時候靠近他，然後用雙手勒住他的脖子，想在交易大廳把他當場勒昏。當時還是公司經營者的格斯・李維，很快就把兩人架開。他說了類似「好了啦」的話之後，這一天就繼續下去，好像沒事發生一樣。

這畢竟是突發事件，不是經常發生的事情。但即使如此，它還是體現了當時交易大廳的運作情況。而且，雖然我自己從沒勒過人，但我確實對別人的感受或觀點很敏感。有一次，當我坐在交易大廳的櫃臺時，財務部門的人來找我。公司正在試著構成一種證券，而這個人領導的團隊，正在試著弄清楚市場的反應。這個人非常聰明，但我覺得他對這個議題的想法很隨便，或搞不好根本沒思考過。

「聽好，我不會幫你做功課，」我對他發飆：「你現在給我滾回去，把你自己的功課做好。等你準備好了再回來找我。」

我能更妥善的處理這個局面嗎？當時我甚至懶得問自己這個問題，我只是回過頭繼續工作。這種直率、甚至粗魯的舉止，從來沒有妨礙我在公司取得初步成功，但這正是雷說的：假如我想擔任更大的職位，就必須改變的地方。

更廣泛來說，雷告訴我假如想管理別人，就必須多思考怎麼理解他們。他說出了兩個重

點：第一，能夠成功做好一件工作，不一定代表能夠成功管理別人。

這個重點經常被組織忽略，人們通常是因為在基層職位有了績效，才晉升至管理職位，而不是因為他們能夠、或僅僅可能有效的管理一切。就連高盛也無法避免這個錯誤。那些傑出的投資銀行家，通常都認為自己應該成為管理者、負責一整個單位，而且他們晉升的機會也不少。但我跟雷對話的時候，他正確指出「讓自己發揮最佳績效」以及「讓別人發揮最佳績效」之間，有很大的不同。

雷的第二個重點，我認為跟第一個同樣重要：**如果想要有效管理別人，你就必須了解每個人都是獨一無二的。**

「了解個人」是必要的管理要素——這個概念好像理所當然。但根據我的印象，許多管理者在做決策時，都沒有完全擁抱人類的複雜度，即使他們宣稱（或許還真心相信）他們有做到。管理者應該要真心承認每個人的技能、動機和個人特色，接著在應對每個人時考慮到這些特質；但我覺得，管理者似乎經常依賴同一套方法，並用同樣的方式對待所有員工。

當然，大公司的高階領導者只能深入接觸少數幾位部屬。但我認為就算是大公司，也能引進以人為中心的方法，只要他們堅持讓所有管理階層都採用它。而且我可以很自信的說，在我的人生與生涯中，擁抱個體的複雜度，已成功改善我身為管理者所做的決策。

舉個例子，史蒂夫·傅利曼（當時高盛的營運長）和我在監督交易活動時，發現其中一位交易員——雅各布·戈德菲爾德（Jacob Goldfield），在交易大廳偶爾會不穿鞋子。

雅各布是非常聰明的年輕人，別人可能遺漏的地方他都想得到。但有時候，當他抵達我們位於百老街（Broad Street）八十五號的辦公大樓，搭電梯到固定收益部門後，就只穿著襪子工作（當時的商業服裝可是遠比現在還要正式）。這不只是單純的怪癖，雖然幾十年後的現在，他已經有所成長、好相處許多，但在當時他會嘲笑與批評別人，包括他的合夥人，而且真的很難搞。

毫不意外的，有些資深的人對此很不爽，但史蒂夫和我抱持非常不同的看法。我們跟同事說：「對啦，他有一堆怪癖跟個人特色，但他真的很聰明，而且真的貢獻很多。」我告訴他們：「事實上，我有預感這傢伙總有一天會成為你們的合夥人。」

公司確實讓雅各布當上合夥人，但我在此提到這個預測，並不是因為我料中了。反之，我認為它概括了一種方法，可以用來應付每位管理者都必須面對的艱難任務，也就是——決定誰應該被納入團隊、誰又不應該被納入，以及誰應該升遷、誰又不應該升遷。

在許多組織中，像雅各布這樣的人可能會有嚴重的職業生涯問題，或許還會遭到降職甚至解僱。傳統、嚴格、一個口令一個動作的管理理論，或許已經退流行了，但管理者依然要負責指引方向，而他們的部屬依然要負責跟隨那個方向前進。雅各布偏愛挑戰高階領導人，而且讓他的主管們很頭痛，因此他的行為或許不被接受。

而且像雅各布這樣的人，可能會困擾到別人的個人層面。你會自然而然的基於自己對個別員工的感受，做出不同的管理決策，並且只獎勵你喜歡相處的那群人。

工作表現，大於個人怪癖或特質

只要沒有牽涉到道德或法律議題，我認為所有人事決策的共同準則應該是「**這個人對組織的長期成功，是有益還是有害？**」如果是前者的話，他幫助了多少？以雅各布為例，我強烈認為他為高盛帶來了巨大的價值。

而讓「長期價值」這個問題變得複雜，或許讓某些人不舒服的原因，在於任何答案至少都有部分是主觀的。雅各布很難相處，我可以百分之百確定，他的行為違反了我們努力維持的文化。但難道我可以同樣確定的說，雅各布的見解與技巧，遠勝過他難搞行為所帶來的代價？我沒辦法。我只能做出判斷而已。

有些人覺得，我這樣的態度，會僅僅因為某些人很有才華就縱容他們。但其實我個人從不覺得雅各布很煩，反而還跟他處得很好。他就跟我生涯當中，其他許多我喜歡共事、極受器重的人一樣，他非常聰明、跳脫框架思考，並且用敏銳的幽默感緩和他的怪癖性格，包括自嘲。但其他人覺得他很無禮、難搞。假如一個人特別有才華，我們就該接受他討人厭的行為，但假如他沒有那麼出色，我們就不該接受？這樣公平嗎？

我的答案是肯定的。

組織的目的就是推進它們的目標。沒錯，假如員工或團隊成員偶爾鬧脾氣，他們的行為會讓目標更難達成。**而且該訂的底限還是要訂——如果一個人做出辱罵或其他掠奪性的行為，那麼再優秀的工作績效都無法將其掩蓋。**但假如這個人沒有越線，我們的議題就會變成：「這個人替組織帶來的正面特質，是否勝過負面特質？」假如雅各布讓別人沒辦法把工作做好，而非只是讓他們覺得煩人，我對他的感覺可能就會不一樣了。但我覺得，忍受他的古怪行為，帶來的效益是遠大於成本的。

我記得我在財政部也對一位同事做出類似的判斷——她有時對人很嚴厲，但她做事相當有成效。當人們向我抱怨她時，我會說：「好，所以你不喜歡她這種態度。但看看她的成效多好，還有她貢獻了多少。為什麼要擔心呢？」

我參與過的組織，只要願意讓個性難搞的人擔任重要職位（包括最高層），通常都受益良多。然而最重要的是，組織要採取步驟，盡可能減少有意或無意識的偏見，因為它們都會影響一個人是否被視為「難搞」。

如果部屬對組織有很大的貢獻，主管應該要願意容忍他有點討人厭的行為；同理的，對組織沒什麼貢獻的部屬，就算主管個人很喜歡他，也應該要願意做出艱難的決策——包括薪資和責任方面，有時甚至得考慮是否該繼續僱用他。

我記得高盛有個非常受人喜愛、想成為合夥人的同事，但他的工作成果很平凡，而且遠低於合夥人們對他的預期。這個決定令人不快，但即使所有人都喜歡跟他共事，我們還是沒讓他當上合夥人。在這種情況下，最重要的是把個人感受擺在一邊，因為**拔擢績效不彰的人，不但會損害組織的運作，最後還會打擊組織內的士氣**。

這種態度聽起來或許太冷血，但我認為，根據每個人的整體貢獻決定其薪資、升職與降職等決定，可說是組織成功的基礎，而且團隊成員能夠獲得最多的機會和工作滿意度，受惠人數也最多。

不過，即使主管處理工作時必須不帶感情，他們也得承認，所有人都會犯錯。根據我的經驗，部屬出錯時，主管最好給予鼓勵與幫助，尤其當那位部屬因出錯而感到焦慮的時候。主管要用務實的態度，冷血且誠實的評估部屬；而當事情出錯時，他們也得用同樣的態度去體諒部屬。儘管如此，最重要的還是要確定部屬的決策背後，是否有必須處理的問題。

最佳的管理者：功勞給部屬，出事自己扛

我經常跟別人說，管理就是「人們替你工作，而你也替他們工作」。無論發生什麼事，主管的工作，就是讓部屬覺得在組織內能安心做事。當問題出現時，主管的職責就是思考：「我該怎麼處理這個問題？」

這也是為什麼，**管理者分配功過的態度是一項決定性的特徵**。組織中有些資深的人會爭功諉過，無論是刻意的手段，抑或他們本來就有這種個人傾向。而最佳的管理者剛好相反。

這種有效管理者最完美的例子之一，就是Ｌ．傑伊．特南鮑姆。我在風險套利部門為他工作時，發現當他必須告知公司其他成員巨大損失時（這偶爾會發生，無可避免），他從來不會責怪他的部屬，即使事情是我們做的，也該由我們負責。當事情發展順利時，他會歸功於我們；而如果事情出錯，他會歸咎於自己。如果他要批評別人，他會在私下給予有建設性的批評，而不是在同事面前公開發表。

我不知道傑伊對部門同事的態度，是因為他天生就很正派，或是其謹慎的管理策略，我猜兩者都各有一點。但我非常有信心的是，傑伊的管理風格對這個企業是有益的，他創造了一個氣氛融洽且充滿信任的環境，讓我們在事後分析時，能以開放的態度審視惡化的局面。因此，當有人提出有用的批評時，不必擔心大家互相怪罪。

就個人的層面來說，傑伊的管理方式，對我在高盛的生涯有很大的貢獻，因為當事情順利時，他會讓其他合夥人知道我有參與，而當處境變糟，他會歸咎於自己。我也從傑伊身上學到了更廣泛的管理課程，雖然我懷疑他是否有專注於此事：在組織中，成功是會向上累積的。如果群體表現出色，就能夠替領導者增光。

我發現**領導者假如歸功於別人，長期下來對領導者自己也是有益的**。舉個例子，我在擔任國家經濟委員會主任時，兩位副手之一是金．史伯林（Gene Sperling），他在政策和政治方面的知識非常淵博，在政治方面非常精明，且完全值得信任。後來我到財政部任職時，柯林頓總統剩下的任期，就由他來擔任國家經濟委員會主任，後來他在歐巴馬總統執政時再度擔任同樣的職位，並於拜登總統執政時擔任高級顧問。

不過，當他還是副主任的時候，我不只一次上樓到辦公室問：「金在哪裡？」然後有人會回答我說：「喔，金在跟總統做簡報。」原來總統有事情找金，而金從我們位於西廂二樓的辦公室，直接下樓到橢圓形辦公室，卻沒有通知我。如果他有通知我的話，說不定我會跟他一起去。

我猜對某些人來說，這種事情或許會使人們的關係破裂，或至少嚴重惡化。但我個人一直都很尊敬和信任金，我一直很有信心的是，他專注於推進國家經濟委員會與政府的目標，而且他要跟總統做簡報時，肯定做足了準備。我也承認，如果總統倚重金的話，對於國家經濟委員會在政府內的地位，以及我身為委員會主任的地位來說，都是一件好事。當時我決定不跟金提這件事，而且幸好我沒有提。根據我的經驗，最佳的管理者會設法**將最厲害的人擺在他們身邊，而不會感到威脅**。

柯林頓總統直接把金叫過去，展現出他管理方式的其中一面：與其按照組織圖的準確架構，他寧可去找當下對他最有幫助的人。這樣確實有助於獲得最佳結果，但領導者必須**避免造成組織混亂，或者削弱團隊中最資深成員的權威**。

重點是意見本身，而非提出意見的人

說到不拘泥於組織圖會帶來什麼價值，我記得一九七〇年六月有個例子。當時，高盛為賓州中央交通公司（Penn Central）發行了商業票據（一種短期公司債），結果在該公司破產後遭到控告。這場官司可能會很嚴重，合夥人們都認為這會真正威脅到公司的存續。他們打算僱用蘇利文．克倫威爾律師事務所（Sullivan & Cromwell）來替自己打官司，這是一間老字號的事務所，備受好評，而且非常能幹。當時我只是套利部門的高級經理，並沒有負責處理這起訴訟。儘管如此，我還是去找格斯．李維，並說出我對這件事的看法。

「以前有個案子發生在某個套利部位，而蘇利文．克倫威爾幫其中一家涉案公司打官司，我密切關注了那次訴訟，」我告訴他：「該案的法官說，蘇利文事務所派來的律師傲慢且不專業，而這位律師剛好又負責高盛這次訴訟。所以我覺得，你還是別聘用他吧。」

回想起來，我這麼做實在很放肆。格斯粗魯強硬的個性是出了名的，他搞不好會對我說：「你算哪根蔥？給我滾出去！別再來煩我了。」但他並沒有，反而仔細的聽我的話。後來他基於我的建議，去找一位擔任聯邦法官的好友（從紀錄上來看，他跟賓州中央交通公司的那起案子無關），並尋求他的建議。法官同意，蘇利文．克倫威爾的那位律師並不適合本案，於是格斯改找另一位律師負責這起訴訟。

有時候（尤其在大型組織）你難免要依賴組織圖。組織必須依照秩序來運作。不過如果有可能的話，像格斯（面對可能致命的官司時聽取建議）或柯林頓總統（找金幫忙）這樣做，或許會帶來極大的價值：**把重點放在建議與構想本身，而不是提出建議與構想的人**。

開會的時候，無視組織圖也可能很有幫助。在國家經濟委員會任職之前，我問了認識柯林頓總統的人，他大概是什麼樣子。對方跟我說：「只要你講話有道理、思慮周延，而且看起來認真嚴肅，那麼即使你跟他意見不合，他還是會尊重你，只不過他最終可能還是會覺得你不對。」

事實證明，他說的完全正確。**柯林頓總統在白宮召集顧問的時候，總想聽取所有人的意見和觀點**，包括那些比較資淺的人。而同樣重要的是，**他在做決策時不會考慮意見提供者的職級或頭銜**。

我在經營財政部的時候也試著如法炮製，而勞倫斯．薩默斯也一樣，他經常跟我一起舉行會議。我記得我剛上任時，在一次開會中討論我們提出的墨西哥支援計畫，勞倫斯聲明他的意見，而其他在場的高級官員都贊同他或表示沒意見。然而，接著有一位較資淺的官員舉起手來，解釋他為什麼認為勞倫斯是錯的。我心想，這位唱反調的年輕人大概要丟掉官位了。但勞倫斯反而請他再多說一些，而且後來在許多類似的情境，勞倫斯也都這麼做。

勞倫斯的反應帶來了三個正面的結果：

第一，反對意見是有價值的，而我們因為這些意見才能做出更好的決策。

第二，這樣等於鼓勵別人在看法與資深同事不同時，勇於說出來。

第三，後來我打聽了這位年輕人是誰，也因為這樣，我第一次認識了提摩西・蓋特納。

勞倫斯願意傾聽年輕人的意見，這也讓我們有機會發掘提摩西的過人才華。提摩西很快就深入參與財政部的所有國際政治活動，最後還成為歐巴馬總統的財政部長。如果勞倫斯的作風更官僚一點，我們可能永遠無法發掘提摩西的能耐，以至於讓整個團隊的成效降低，而提摩西也就沒機會在美國兩任政府期間，扮演制定政策的重要角色。

我能理解為什麼我們在尋求投入與貢獻時，會有自然的衝動，希望只依賴組織架構；這隱約意味著我們假設「構想的價值，與其表達者的職級成正比」。在各種會議中，大家都期望較資淺的人旁觀就好，不要參與其中。但除非最高階的人總有最棒的構想（根據經驗，這幾乎不可能），否則將「組織圖」優先於「個人」的做法，意味著你將無法得到寶貴的貢獻，進而做出更糟的決策。

在此嚴正聲明：**假如有人大聲的發表意見，卻不知道自己到底在講些什麼，那我可從來**

沒有耐心去聽，無論他的職級或地位高低。但如果人們真的見多識廣，那麼打造一個讓他們覺得自己可以不分輩分發表意見、要求解釋說法的環境，將有助於發掘大有可為的後輩。

我在財政部時，注意到我們團隊裡有一位資淺的成員，叫做卡羅琳．阿特金森（Caroline Atkinson，後來擔任歐巴馬總統的副國家安全顧問，處理國際經濟事務），她的氣勢從來不會輸給更高階的同事。假如她有問題，就一定會提出，而且假如她覺得對方的回答沒道理，就會追問到底。

在某些組織中，這種提問似乎是不恰當或唐突的，但我覺得正好相反：她的問題非常有幫助，而且她願意提出疑問，讓我對她的能力更有信心，也讓我們做出更好的決策。

與此同時，尋求最佳構想而不問出處，可能是很複雜的一件事。比方說，我跟史蒂夫．傅利曼開始擔任高盛營運長之際，公司的日常營運非常順利。但我們已經從早期的高級合夥人（尤其是約翰．懷特海德〔John Whitehead〕）那裡學到策略有多麼重要——**即使我們忙於應付最迫切的挑戰，還是要考量公司的長期方向**。

基於這一點，彼時我們開始覺得所羅門兄弟（Salomon Brothers）與其他銀行有贏過我們的態勢：他們在某些方面比我們還創新，尤其在為企業與投資客戶開發的新興金融商品上。史蒂夫特別擔心這件事，他說：「你知道嗎？我們現在真的很順，但除非我們變得更創新、策略更靈活，否則我們不會一直順利下去。」

發展新策略，照理來說應該是管理委員會的事情，畢竟它是由非常有能耐的人所組成的，而且他們都是公司各部門的領導者。但基於各種理由，我們覺得他們可能不太適合這份相當具策略性的工作。與此同時，我們也覺得，如果擺明避開管理委員會、讓他們覺得自己被排除在流程之外，實在有些不妥。

於是，我們成立一個名字不同的新委員會，由史蒂夫與我共同主持。我們任命自己認為非常適合這份工作的合夥人，而這就成為我們實質上的策略規畫委員會。然後，再由這個委員會跟管理委員會報告。我們願意為手上的工作盡可能找到最好的構想，而我覺得這樣是有益的，即使組織需要耗費更多的心力和創意。

組織文化的重要性：即使做法改變，核心價值仍然不變

我也相信，花費時間和心力培養正確的組織文化，是很值得的。根據我的經驗，文化可不能任其形成就算了。領導者必須坐下來，弄清楚他們希望有什麼樣的文化。一般來說，這些文化源自於他們的個人價值與信念。人們會觀察組織領導者，然後在各種事情上參考他們：行為舉止、待人處事（包括顧客和同事）、道德標準、策略重心、對於危機或某人出錯時的回應等。

不同的領導者對於他們想培養何種文化，都有不同的想法，而且成功的方式也非常不同。比方說，前奇異電氣執行長傑克．威爾許（Jack Welch）偏好一個口令、一個動作的結構，他對於文化的構想與其好友約翰．溫伯格截然不同；溫伯格經營高盛的時期與傑克經營奇異的時期重疊了好幾年。但無論其中細節，這些強大的文化都包含了史蒂夫．傅利曼所謂

的「策略靈活度」，這種環境中的**戰術和長期策略都會適應情況而改變，但其核心價值與原則依然不變**。

若是缺少這種主軸思想，組織與其領導者就可能失去方向，最終做出不忠於自我的決策。根據經驗，當領導者堅守的價值前後不一致，人們是會察覺的。正如我一位朋友說的：「你今天說了什麼，五年後，人們就會用這些話來回敬你。」

即使領導者知道他們想要哪一種組織文化，他們也需透過持續努力將其實現。舉例來說，在紐約宣布封城以預防新冠病毒傳播不久後，我與布萊爾．艾佛朗（Blair Effron）以及羅伯特．普魯贊（Robert Pruzan）談話，他們是獨立投資銀行「Centerview」的共同執行長，而我是這家銀行的高級顧問。這家公司才剛讓員工轉為遠距工作，而我們在討論必須做什麼措施來適應它。

我記得我們的重點不只包括技術面和生產力的挑戰，還有**如何在大家不處於同個空間的情況下，維持我們的企業文化**。我們特別擔心剛進公司的年輕人（他們的生涯才剛開始），以及從其他公司跳槽過來的人，他們並不認識我們公司的人、文化，以及運作方式。

我無法輕易回答這種兩難，而且不認為這有答案。但我知道，我們打從一開始就決心努力創造並維持文化，而非希望文化自己維持下去。這就是為什麼，在疫情的頭幾個月，Centerview採取各種行動，試圖將其文化灌輸給新進員工，同時更加深植於其他員工。布萊爾和羅伯特會打電話給關鍵人物，只為了互報平安，並且關心他們過得怎麼樣。每隔兩週的星期三，我們會舉辦虛擬的「市民大會」（把電腦接上外接音響），將大家聚在一起。雖然不太可能透過視訊會議完全複製辦公室文化，但公司做出的這麼多努力，令我十分驚訝。

文化不僅是達成目標的手段，它也是目標本身。比方說，當史蒂夫和我領導高盛的時候，我們希望職場環境氣氛融洽，而且大家盡可能同心協力。我們希望大家對自己的工作有信心、心存感激，並且為此感到自豪。最重要的是，我們希望大家負起責任，把重心放在客戶身上，並做出長期來說對他們有益的事。我們認為這一切都會使公司更成功，但這也反映了我們希望怎麼引領自己的職涯，而這麼做是有一些根本價值的，因為我們的工作滿意度因此提高了。

因為我們把文化看得如此重要，所以它成為我們管理決策中的一大考量。例如我在僱用員工時必定會考慮到文化。我之前提過，我很願意與別人認為難搞的人共事。但假如我覺得一個人會嚴重傷害團體文化（例如喜歡搶功勞，或因為個人野心而排擠同事），我就不會僱用這個人，**即使他看起來應該能有很好的表現，但其中可能的成本超過了可能的效益**。

我總是覺得，這個原則反過來也是對的：主動培養文化的員工，就是在做出寶貴的貢獻，因此值得受到獎賞，即使其貢獻是無形的。在高盛，如果有人展現並推廣我們希望在公司創造的環境，我們就會用「文化傳播者」（culture carrier）這個名詞稱呼他。即使這不符合自己立即的利益，他仍然努力幫助別人成功，並且認真看待自己的工作，卻不會過度自命不凡。主管如果擁有這些特質，就有可能為他管轄範圍內的部屬定調。

「文化傳播者」並不是個正式職務，但當我們要決定薪資或年終獎金時，也應該認真**考量員工對於企業文化的正面效應**。政府內的文化傳播者無法靠加薪來獎賞，但我會採用其他獎賞方式——表揚他們，並且適度增加他們的責任。例如當我們在白宮設立國家經濟委員會時，希薇亞・馬修斯就是重要的文化傳播者。她讓同事覺得自己受到歡迎、被殷勤對待，且充分發揮了自己的能力。

除了表揚和獎賞文化傳播者，另一個培養共同文化的方式，就是將年輕人納入會議中，即使他們沒有必要出席。比方說，高盛的管理委員會每週開一次會，而那些會議通常會審視重大的客戶交易。其實這種簡報只需要一位合夥人，再加一、兩位同事參與就夠了。

但有時我們會更進一步，也請做簡報的合夥人帶一些年輕人來。我們的理由是，**希望大家覺得自己是團隊的一分子，以及公司的一分子**。這種包容性對雙方都貢獻良多。基於同樣的理由，我們也鼓勵合夥人在適當的時候，帶著資淺的同事跟客戶會面。在這種情況下，我們不希望初階員工向客戶推銷商品，因為時間有限，而且同時有太多不同的人分享意見，也可能會使人困惑。不過，我們認為讓他們在會議中出席，是一種寶貴的學習，也是提升士氣的機會，而且我們也鼓勵他們事後回頭討論並提出任何想法。

凝聚向心力的方法：以提問代替意見

我的管理方式的最後一個層面，就是**寧可以提問代替聲明**。二〇〇〇年代初期，我剛在花旗集團擔任新職位的時候，會去參加由一大群銀行主管定期召開的會議。後來我才知道，共同執行長桑福德・威爾有次把麥克・弗曼（Mike Froman）叫到一旁（他同樣也從財政部轉到花旗任職），然後問道：「魯賓為什麼總是有這麼多問題要問？」麥克回答他：「他就是這個樣子。」

麥克很了解我。假如我聽到一件事，我會開始懷疑、思考它。而當我思考一件事，我的反應多半是提出問題而非發表意見。我在開會後的筆記通常都包含了一大堆問號。

我偏愛提問，多半是因為我的思路有一部分就是這樣，但這對我擔任主管一事來說非常寶貴。最明顯的影響是，你可以因此學到更多東西。此外，只要對同事的工作與想法抱持真正的好奇心，你就會心存感激，並且有助於建立有成效的關係。**即使大家不同意最後的決策，但假如他們覺得你有傾聽他們的意見，他們就更有可能相信，並努力實踐它，即使他們自己不會選擇這種決策**。而且對於負責做出最終決策的領導者來說，提問通常比聲明更合適，因為它們能誘使同事說出更多想法。

比如我注意到在許多會議中，決策者傾向先聲明自己的看法，再讓其他人接在後面講。但我覺得，藉由提問來進行會議，讓其他人先說出他們的意見，然後我再聲明自己的想法，這樣能使其他人投入更多見解、讓討論更有成效，進而一同做出更好的決策。

即使我想提出意見（包括我很堅持的意見），我經常會將我的看法以提問的方式說出來。例如我不會說：「我覺得中國的經濟有一大堆問題。」我會提出：「中國的問題是不是比大多數美國投資人認為的還多？」這種交談方式似乎能誘使大家表達自己的看法，並刺激他們更進一步思考。有時他們的想法跟我不同，而我覺得他們是對的，因此改變心意。有時那些看法似乎沒有說服力，這則會讓我對自己的意見更有信心。

這種提問在現實世界中有個例子，發生於幾年前的一場大會（這種聚會的參與者可以暢所欲言，但他們無法藉由名字認出其他參與者）。一位當時在川普政府任職的著名企業主管，談起他從私人部門轉任公共部門中，學到了（或沒學到）什麼事。基本上他的看法是這樣的：這種過渡很容易，你只要把政府當成企業來經營就成功了。

我也曾經從私人部門轉到政府單位服務，而我強烈認為，**這個人的看法相當輕描淡寫**。我認為政府內部的領導與管理，與企業內部確實有些類似的地方（所以其中一方的經驗可以應用在另一方），但還是有許多根本上的差異。我認為私人部門的領導者在進入政府任職時，必須認清並回應這些差異，才會有成效。因此我認為，這位發表意見的主管非常傲慢。

但我沒有聲明我的看法，而是將我的主張講成提問，雖然是真心誠意的發問，但也相當犀利：「既然您說您兩邊都待過，那麼您覺得有什麼差異？」我不記得他的答案，只記得他回答得相當空洞，看來我的提問比起任何聲明都更有效果。

企業與公部門，管理大不同

不管這對讀者有沒有用，我還是想講一下自己會怎麼回答這個問題（根據我的經驗）：

首先，**企業的使命與組織架構，一般來說都比政府單純**。私人部門組織或許有不同的策略和產品，而且屬於不同的產業，但它們一般來說都有一個共同的首要目標：歷久不衰的強大獲利能力。另一方面，政府內部總是有各種要事、意識形態、利益與目標，它們都各有根據，卻又相互競爭。

第二，雖然私人部門組織比起數十年前，已實施不少更有包容力或諮詢式的管理方法，但決策權依然偏向中央集權和階級化。就算在私人合夥關係中（也就是我在高盛任職時的架構），還是會有人掌權。而運作事務的那個人會跟某人說：「好，這件事我們就這麼做。」而組織會有所反應，至少整體方向是如此。**在政府內部，鮮少會有單一、最終的當權者，連總統自己都不會是**。不同的分支機構、政治人物、內閣部會，以及官僚機構都各自握有權力，而在大多數情況下，假如領導者希望把事情做好，他必須設法讓這些人同心協力。

第三，比起私人部門的大多數決策，**政府決策受制於更強烈的媒體和社會輿論檢視**。就某些方面來說，公、私部門之間的差距或許正在縮小：商業有線電視臺、社群媒體，加上企業受到的壓力逐漸增加（大家要求企業除了獲利能力之外，還必須盡到社會責任），使企業決策受制於全民監督的機率變高。但即使如此，政府的功能仍會直接影響民眾，而且這些影響通常都很有感。政府的「股東」實際上就是所有國人。而且政府做的事，民眾也可以透過媒體報導得知其中大部分內容。

政府與媒體強烈且持續的糾纏在一起，其程度跟私人部門相比簡直天壤之別——政府的例行決策如果造成負面結果，就可能成為全國性的大新聞。況且，行政部門受制於立法者的激進見解：立法者的功能非常重要，但他們也可能偏袒某一方，並對另一方帶有敵意，總會找機會批評或將其妖魔化。

我在白宮與財政部任職期間，我們非常重視該怎麼應對民眾的看法，以及媒體對於決策所做的報導；而這在私人部門中可能沒有必要。領導者從私人部門轉職到公共部門，可能需要做出又大又複雜的調整，而我花了許多時間、聽了很多有建設性的批評後，才勉強能勝任我的職位。

私人部門與公共部門組織的最後一個差異，就是薪資。**私人部門的管理者可以用財務誘因來協助培養企業文化、獎勵高績效員工，或是達成其他他們想做的事**。在大多數情況下，他們都可以讓員工升職、降職，或解職，只為了照他們的想法推進組織目標。另一方面，聯邦政府終身職員的薪資，一般來說都是基於「公務員級別總表」（General Schedule）這個支付制度。某些政府職位的威望與權力，在許多方面都是收入的替代品，但即使如此，他們的薪資依然落在政府的設定範圍內，而且這些薪資一般來說，都比不上私人部門的類似職位。我在高盛的時候，公司如果某年表現相當不錯，每位員工都會得到獎金；但我在財政部時，就算美國的經濟很好，也沒人會領到獎金。

在財政部這樣的內閣部會中，管理層面的決定權與控制權都更進一步減少，因為其中大多數職員都是終身官員，受到公務員保護法的保護，不能隨便將其調職或解職。我很幸運，財政部的終身職員陣容非常堅強，但假如不是這樣，我也無可奈何。政府的公務員體系之所以獨立，有個很好的理由——這樣能避免公務員受到過度的政治性影響，但這種必要的獨立性，也產生了不存在於私人公司的管理挑戰，並排除了一種達成組織目標的實用方法。

換言之，企業的管理已經很複雜了，但政府的管理又更複雜得多。當我擔任公職時，即使面對的特定挑戰非常不同，我的基本管理方式還是沒變。硬要說的話，直截了當、獲利導向的使命，以及與績效綁在一起的薪資，都會讓「承認個體複雜度」的管理方式更實用。員工的接受度變得更為必要、企業文化變成更加不可或缺的成功因素，而讓自己身邊圍繞著致力於使命、協助組織達成目標的人們，就變得更加重要了。

自從雷・楊在高盛把我拉到一旁的事件後，已過了將近五十年，以下是我在管理層面所悟出的普遍真理：**雖然每個組織都不同，而且都有各自的目標和挑戰，但它們有個相似之處，就是它們內部的個體都複雜到不行**。

擁抱這種複雜度的管理者，雖然不會每次都做出正確的決策，但他們的成功機會將會比其他人大得多。有鑑於組織、國家與社會在接下來數十年即將面對的巨大挑戰（以及無法克服這些挑戰時帶來的後果），增加成功機會所能帶來的利益會有多大呢？

我覺得，說多大就有多大。

第 5 章

我這樣應付壓力：一天一天慢慢過

「生活要一天一天慢慢過」或許是句陳腔濫調，但根據我的經驗，在危機期間，這句陳腔濫調是對的。我將我的挑戰拆解成數個部分，並專注於當下，藉此將我的憂慮擺在一旁，並做我必須做的事。

一九八七年二月十二日，我跟參議員提姆・沃斯（Tim Wirth）一起坐在我位於高盛的辦公室。沃斯是科羅拉多州的民主黨黨員，大家都認為他有野心參選總統。我忘了這次會面是在討論什麼，或許因為我把那次會面的結尾記得太清楚了，至今仍歷歷在目。

我當時的助理諾瑪（Norma）打開門說道：「鮑伯・弗里曼（Bob Freeman）有事情必須跟您講。」

在我離開高盛套利部門、更廣泛參與公司事務後，鮑伯就接掌了這個部門。我非常尊敬他，不過彼時我正在跟美國參議員會面，而諾瑪居然打斷我，這令我相當驚訝。

「告訴他，我正在跟沃斯參議員談事情，」我告訴諾瑪：「我結束之後會立刻回電給他。」但她很堅持：「不行啦，這很急！」於是我拿起電話。

「**我在我的櫃臺。我因為內線交易被逮捕了。**」可想而知，電話上的聲音非常恐慌。

我告訴他，我們會聯絡公司的律師。接著回頭跟坐在我辦公室的參議員說：「剛剛發生了一件超扯的事，我有一位合夥人被逮捕了。」

他毫不遲疑的說：「喔，天啊，時候不早了。我得走了。」我從沒看過有人離開辦公室的速度比他還快。

那天發生的事情令人難忘，有一部份是因為這事實在太特別。但幾乎我們所有人都知道「意識到手上有危機」時的感受。其風險很高、壓力很大，事情前途也突然變得不明朗。

管理這些局面並沒有祕訣。但是當危機襲來時，有個至關重要的問題：**你該怎麼挺過這一關？**

當天大的災難降臨，你能管理好自己嗎？

這起發生在高盛的逮捕事件，說多可怕就有多可怕，尤其是一開始。其中一個原因是，我們不確定到底發生了什麼事，以及我們的合夥人或公司會陷入多大的麻煩（至少一開始是這樣）。

有很長一段時間，新聞報導都圍繞著伊凡．博斯基（Ivan Boesky），他是套利事業的頭號人物之一，因內線交易接受調查。後來報導揭露他與馬丁．西格爾（Marty Siegel）共謀，後者是基德爾與皮博迪公司（Kidder, Peabody）的銀行家。博斯基用近乎離奇的方式，在巷子留下好幾捆現金，以交換西格爾不能公開的內幕消息，接著西格爾會去巷子把現金撿走。

兩人都承認自己策劃陰謀，並且被判入獄服刑，而我認為這個結果十分正確。內線交易是非法的，而且非法的理由很充分。它會削弱民眾對市場的信心、侵蝕民眾對於美國金融系統的信任，並讓參與者擁有不平等優勢。當局起訴了博斯基和西格爾，並極力調查他們參與的內線交易範圍，而這麼做是正確的。

但之後大家發現，當局做得太過頭了。檢察官過度熱心，加上西格爾為了減刑而提供的錯誤資訊刺激了他們，使他們除了博斯基和西格爾之外，又控告了幾位沒有參與其陰謀的人。鮑伯．弗里曼被逮捕後受到十六項指控，但最後都被撤銷了。

不過在當時，我們並不知道這起事件會怎麼發展，只知道我們的合夥人之一（還有高盛本身）陷入極大的法律危機。

我們尤其擔心的是，盯上我們的檢察官，是一位既年輕又有企圖心的美國律師，名叫魯道夫．朱利安尼（Rudolph Giuliani）。彼時的朱利安尼早已因為戲劇性且高調的逮捕行動與定罪聞名，而且有人懷疑，他有些做法是為了讓自己的政治生涯起飛，而不是為了司法行政的公平性。

數十年後，朱利安尼譁眾取寵的行為，以及對於真相的輕忽，被大多數觀察者認為與法治對立。鮑伯．弗里曼首次被指控兩年後，朱利安尼承認，假如他當時就知道之後將得知的所有事情，他就不會批准這次逮捕。但在當時，他卻因為積極的風格而贏得眾人盛讚。

朱利安尼的整個生涯（擔任紐約市市長時，為了無足輕重的小犯罪追查許多人，且其中絕大多數都是少數族裔；當川普總統錯誤的謊稱選舉舞弊時，為他的公眾形象站臺；以及調查華爾街權貴是否涉及內線交易），在在證明了他非常擅長吸引主流媒體注意，他對高盛的調查也不例外。在我接到那通離譜的電話、看著參議員匆匆離開我辦公室的同個早上，《紐約時報》頭版報導了朱利安尼的驚人指控，而且不只一篇，而是兩篇。

其中一篇報導的開頭寫著：「華爾街三位重量級人物突然遭到逮捕。」這三人指的是鮑伯，以及基德爾與皮博迪公司的兩位合夥人。「這顯示出政府就打擊內線交易一事上，感到自己占了上風，」這篇報導引用了一位匿名者的話，既令人不寒而慄又極度自信：「除非你認為自己徹底掌控了高盛套利單位的主管，否則你無法逮捕他。」

另一篇頭版報導寫得更糟糕。它的第四段中有句話告知讀者，三個被逮捕的人都否認罪行。但這句話前後的段落，寫滿了朱利安尼指控銀行家（包括鮑伯）的細節。對於不熟悉套利、內線交易法或華爾街的人來說，看起來就像檢察官認為**這個案子很好辦**。

但幕後的實情是，我們很快就堅信朱利安尼的指控毫無根據（而且事後證明我們的想法是對的）。鮑伯被逮捕前幾個月，關於這起調查的傳聞已甚囂塵上，我打電話給亞瑟·里曼（Arthur Liman，當時可說是紐約第一流的訴訟律師），請他推薦一位律師，調查是否有任何違法行為的可能性，並且幫我們公司打官司。他推薦了賴利·佩多維茲（Larry Pedowitz），曾經在朱利安尼麾下擔任紐約南區刑事法庭的主管，後來轉職到沃奇爾·立普頓法律事務所（Wachtell, Lipton）。

結果賴利表現得非常傑出。他徹底調查一番之後，向高盛的合夥人回報：沒有人疑似觸犯內線交易法，或做了其他違法的事。

不過賴利身為經驗豐富的刑事律師，他一點都不樂觀。我記得他說：「假如你是調查對象，就有八五%的機率被起訴。而被起訴的那些人，被定罪的機率非常高。」換言之，賴利是在警告說，即使他覺得朱利安尼的指控毫無根據，也可能無關緊要了（兩年多後，基於類似的論點，鮑伯·弗里曼決定承認一項內線交易的指控，它跟西格爾的答辯或指控無關，卻出自朱利安尼後續調查期間出現的不相關資訊。鮑伯的律師們覺得他沒做非法的事情，但還是建議他在判決的法官面前承認一項罪行，總比面對陪審團的不確定性來得好一點）。

除了一位合夥人的人生與生涯陷入危機（這當然也很嚴重），檢察官是真的有可能進一步起訴整間公司。公司不一定能撐過這樣的指控。更糟的是，當這件事發生的時候，高盛仍是私人合夥事業。這意味著每位合夥人的個人資產（無論存在公司內部或外部）都面臨風險。假如高盛因為違法行為遭到究責，合夥人不只會失去部分或全部的公司股份，他們的個人儲蓄、投資，甚至房子都可能被扣押。

最重要的是，**我有理由擔心自己成為朱利安尼的下一個目標**，即使我沒做什麼錯事。畢竟，這些對於高盛的指控都牽涉到套利部門。我曾經擔任套利部門的主管，而且這個部門現在仍然要向我這個高級合夥人報告。如果有一位政治野心極大的律師正在尋找獵物，想也知道我會是他的目標。

但即使你不是被直接針對，所有危機在某些方面來說，都是相當個人化的。它們不只挑戰組織，也挑戰組織內的個體。這就是為什麼，我認為**危機管理的正確方式，並不是從「管理危機」，而是從「管理自己」開始。**

把憂慮擺在一旁，繼續做該做的事

你心目中絕佳的領導者，很可能完全不會因為恐懼或懷疑而動搖，無論面對的風險有多高。但現實中很少有這種人，每個人在危機當中都會有極度焦慮或恐懼的時刻。領導者回應危機時的決定性因素之一，在於**他們是否能夠控制內在反應，或者這種反應是否能轉換成足以影響行為與判斷的情緒狀態**。

我看過在大多數局面下都很能幹的人，在風險與壓力太大時失去理智。例如朱利安尼剛提出指控的那幾天，我與另一位營運長史蒂夫．傅利曼，以及另一位合夥人，一起去拜訪我們聘請的律師事務所。我們擔心（儘管我們信心十足的認為公司沒有參與任何非法行為）客戶可能會拋棄公司，因為他們懷疑我們是否能存續，或者不希望我們牽扯到現在這種處境。

當時紐約市最知名、最重要的律師之一馬丁．利普頓（Martin Lipton），已經答應要寫一封信給我們，回答我們擔心的事。我並不記得確切的字句，但信上大致上是說，他的事務所在評估過高盛的行動和責任後，並不認為朱利安尼的指控會威脅到我們的存續。

這對我們而言是一大進展——我和史蒂夫很快就明白，我們可以把這封信拿給焦慮的客戶看，以減輕他們的恐懼。但另外那位跟我們一起開會的合夥人，就因為焦慮而不知所措。他開始把自己所有擔心的理由告訴馬丁，接著開始苦惱，覺得馬丁不該寫信給我們，可是他的看法不但與事實不符，也完全違反公司的利益。我要趕緊強調一下，這位合夥人在其他情況下會謹慎的思考議題，而我們通常可以依賴他的判斷。不過在這個情況，他的壓力和恐懼蒙蔽了他的判斷力，而我早已見過這個情境在各種領域反覆上演。

有一個重點要留意：**對於危機期間的決策來說，非理性樂觀主義的威脅性，就跟非理性悲觀主義一樣大**。有時候人們會恐慌，或深信局勢很絕望，因而失去理智。但當人們面對排山倒海的挑戰與其潛在後果的時候，也有可能聽不進負面訊息，表現得彷彿一切安好，但其實並非如此。在危機中，一廂情願或杞人憂天的領導者，都不是組織能夠承受得起的。

因此，保持理智、同時誠實面對自己，就是危機管理的必備要素之一。面對極端的不確定性，以及可能的嚴重負面後果時，你可能會有極度焦慮，甚至極度害怕的時候。但在你做決策與應付周遭事務時，你必須能將這些感受擱在一旁，並設法認清這個情境的現實，同時在當下盡你所能去應付它。

我記得在二〇〇九年，我在一次公眾活動前的招待會上，遇到提摩西・蓋特納（當時的財政部長）以及勞爾德・布蘭克費恩（Lloyd Blankfein，當時高盛的經營者）。此時正值二〇〇八年金融危機所造成的經濟大衰退，而他們兩人經常被媒體批評，儘管理由並不相同。此刻，來自民眾的壓力變得非常巨大。

「你只能把自己跟正在發生的一切事情區隔開來，」提摩西說道：「**你得跟自己說：『管它的。』然後繼續向前邁進，做你認為對的事。**」

並非所有人都能維持這種沉著的姿態。但像提摩西這樣的人，就能夠以最萬全的準備，在危機中發揮成效。這種領導者並不是對壓力免疫，而是憑藉各種技巧與人格特質，在混亂與壓力下保持頭腦清晰。

或許這些能在危機期間管理自己的人，最普遍的特質就是**隔絕事情的能力**。他們可以完全專注於眼前的危急局面，撇開焦慮、恐懼與其他可能干擾專注力的東西。接著將這個「隔間」關起來並繼續邁進，從事其他方面的工作，而不讓高壓力的事物侵擾自己。

另一種應付壓力的方式，是**將壓倒性的挑戰拆解成更小、更容易管理的任務**，以及更有限制的時間範圍。當高盛第一次被朱利安尼盯上時，我就是試著這麼做。我沒有問自己：「我該怎麼度過這個難關？」而是問：「我現在該做什麼？我今天該做什麼？」**「生活要一天一天慢慢過」或許是句陳腔濫調，但根據我的經驗，在危機期間，這句陳腔濫調是對的。**

舉例來說，在被朱利安尼指控後、法律程序的初期，我得知我將被傳喚到大陪審團面前作證。我是以證人的身分被傳喚，而不是調查對象或目標，但光想就覺得很折磨。當在大陪審團面前作證時，你不能有律師陪同，這也自然令人感到不安且毫無防備。況且，即使證人完全誠實，也有可能陷入嚴重的法律問題。理論上，不會有「不小心作了偽證」這種事。但實際上，假如你說的話被詮釋得與本意相悖，或者有新的事實揭曉，而你卻不知情，就有可能被指控作偽證。

最後，我總共四次以證人身分出現在大陪審團面前，因此我對於作證當然也變得自在了。不過我一開始真的很擔心自己要作證，以至於我考慮引用第五修正案[1]——不是因為我打算隱瞞什麼，而且想避免任何意外說錯話的可能性。即使在我決定作證之後，我還是非常擔心會出差錯。證詞縈繞在我的腦中，讓我心理非常難受。但一次性只做一天、甚至一小時的事情，就能讓我更容易應付我的工作，並幫助公司回應危機。我找不到能夠完全避免憂慮的方法，**但我將我的挑戰拆解成數個部分，並專注於當下，藉此將我的憂慮擺在一旁，並做我必須做的事**。

1 編按：《美國憲法第五修正案》（*the Fifth Amendment of the United States Constitution*）是權利法案的一部份。該條款保證當事人在法庭上不得被迫做出不利於己的證詞，且法官和陪審團也不得因當事人引用第五修正案，而假定被告是有罪或清白的。

應用型存在主義：別被事情累垮了，其實沒那麼重要

另一個容易理解，但難以實踐的危機管理理論，就是**理性看待事情**。

隨著壓力累積，領導者可能很容易高估自己在別人心目中的重要性。朱利安尼在我們總部逮人後的那幾天，我記得自己在紐約閒逛的時候，總覺得所有人都在看我，或所有人滿腦子都想著《紐約時報》上那篇我同事被起訴的報導，但事實當然不是如此。大多數人的大多數時間，都在思考自己的生活。**除非你涉及關注度極高的巨大醜聞，否則人們對你與你的困境的關注度，都是有限且短暫的**。記住這個事實非常重要，因為它有助於減少焦慮，進而使你更容易做出明智的決策，並且繼續生活。

我見過許多領導者採用另一種方式來維持理智，那就是黑色幽默。他們會一邊維持這種幽默感，一邊極度嚴肅的看待挑戰，並且勤奮工作以克服它們。對於這種幽默感的偏好，究竟是一種應對機制、一種內在的個人特質，或者兩者皆是？我說不上來，但我認為即使在嚴肅的局面中，這種幽默感也能幫助決策者保持理智。

這又讓我想到另一個在職場危機期間管理自己的方式，它非常實用，我將其稱為**「應用型存在主義」**（applied existentialism）。我這裡說的並不是哲學上的存在主義，那有它自己的定義。反之，我是在講一種能力：「完全投入工作，卻又與工作保持一點距離，因為你認清了一件事：**如果從上帝視角（也就是整個時空）來看，你的危機，以及你能否成功處理，根本就不重要**。」

我在念大學，還有剛畢業沒多久的時候，我把應用型存在主義完全用於逃避現實：我幻想自己坐在巴黎的咖啡館、過著靈性的生活。每當我遇到風險特別高的學術或職業挑戰時，我都告訴自己：「如果這樣行不通，我隨時可以跑去左岸[2]。」我從來沒有認真考慮過這麼做，但我想像中的巴黎生活，卻幫助我認清一件事：情況再糟糕（例如考試通通不及格），都有可以轉圜的餘地。世界還是會繼續運轉，而我也是。

等我年紀稍大一點的時候，我發現自己在巴黎藏書閣閣樓度過餘生的機率趨近於零，於是就不再用「左岸策略」來應付壓力了。我開始採取不同的想法：「這件事現在來說非常重要，但過了十萬年後，就一點也不重要了。」

這種看待後果與壓力的方式，乍聽之下或許很空泛。畢竟，如果我們做的事情在長期來看都不重要，那何必要做呢？但極度投入於工作，對我來說從來就不是問題，而且根據我的經驗，對任何高成效的人來說也都不是問題。而且無論我自己，還是我觀察過的許多人，我們在危機中的投入程度都會特別強烈。挑戰之處並不在於「足夠投入」，而是在於「**避免因為過度投入而讓自己被累垮**」。

對於我生涯以外的危機，我也採取這種方式。在川普擔任總統期間（以及自從川普主義持續在共和黨擴大影響力之後），美國的民主制度遭到攻擊，人們持續忽視氣候變遷、對窮

2 編按：流經巴黎的塞納河（Seine）南岸地區，與右岸（北岸）相比雖較不繁榮，卻有濃厚的文藝氣息。

人漠不關心，白人民族主義進入現代主流政治中——這些事都令我非常擔心。這些擔憂令我更主動的投入保護民主制度，並且耗費可觀的時間、心血和財務資源，支持那些反對川普總統與其政治理念的候選人及組織。

但在川普輸掉二〇二〇年大選之前，我早就已經不讓心理上的脅迫感支配我；反之，我這個圈子的某些人就被這件事占據了所有心思。我跟他們一樣，覺得川普和川普主義對我們的民主制度（甚至全地球）帶來威脅。但我能在心中找到一片空間，讓我依然專注於正在做的事。這樣乍看之下很矛盾，但只要你完全投入工作，卻又與工作保持距離，就能夠更有效的度過壓力極大的時刻。

但應用型存在主義（以及在危機期間管理自己）只是個開始，你還必須管理危機本身。

管理危機時，你必須說實話，但不必知無不言

危機期間的管理，經常牽涉到許多公開聲明，還要跟許多利害關係人溝通，像是員工、客戶、顧客，或是債權人。但我認為，危機管理是從一件更細微的事情開始的：走入基層。重要的是**走出你的辦公室，看看別人的情況如何**。

你的目標不應該是討論危機，雖然如果對方問到的話，你還是應該回答。但重點在於，讓所有人都感覺跟領導者有所聯繫。大家應該要知道組織領導者對一切都相當專注，而且他們不但注意著組織，也注意著組織內的個體。

就連簡單的互動（「你還好嗎？工作怎麼樣？」）都是在提醒部屬，**決策者就在現場坐鎮、穩如泰山，而且承諾與部屬同心協力、克服他們眼前的挑戰**。

當然，在相對大型的公司或組織，與員工的互動就更加複雜。而且這個世界仍然在與新冠肺炎搏鬥，「走入基層」有時要遠距實行，而這也會帶來巨大的挑戰。但就算只是象徵性的走入基層，也概括了領導者在危機期間扮演的角色，並且包含了他與組織管理者的互動、與各群體的會議，以及現代科技所能辦到的各種溝通方式。在極度艱困的時局下，領導方式應該要是清晰可見的，認清局面的嚴重性，同時在動盪之際表現出穩定感。

危機管理不只是一項平衡措施，而是好幾項平衡措施，必須全部同時實行。這些措施最大的重點在於既誠實、又使人放心。當組織即將陷入混亂之際，誠實是至關重要的。你會很想告訴大家，一切都會發展得非常順利，**但假如你失去發言的可信度，以及周遭人士的信任，你就等於失去了領導能力**。

誠實不代表你必須說出所有心裡的話，或分享你所知的所有資訊。如果你組織的整體命運都陷入了危機，你當然會非常苦惱。但假如你對周圍的人表現出這種態度，或者企圖完全誠實，你將會擺脫不了憂慮與恐懼，而這將會讓整個組織急遽惡化。在危機當中，**你不能在「維持可信度」跟「表現出務實的信心」之間二選一，必須兩者兼顧**。

就實務方面來說，這意味著我在危機期間比較不敢使用機率性語言（它在其他情況下非常有助於決策）。比方說，在朱利安尼啟動調查的頭幾天，假如有人問我：「你覺得高盛活得下去嗎？」我不會跟他講機率，因為這樣會讓他特別在意高盛倒閉的機率——儘管其低到不行。與此同時，我也不說我不相信的事。我反而會這樣說：「我們會努力度過難關。人生當中沒有任何事情是確定的，而我們現在處境非常艱困。但我們的法律顧問很厲害，而且我們在密切觀察這件事，所以我們已經準備好應付這個局面，並且向前邁進。」

管理組織、使其度過危機，還有另一個重要因素，那就是**盡可能蒐集所有事實，然後跟著事實走**。雖然一時之間，非常難以理解發生了什麼事，以及這件事情的潛在法律後果，但領導者和法律團隊應該開始確定危機的根源。

經過徹底的調查，就可能會讓一些事實水落石出，公司與其內部個體的負面情況也就會攤在陽光下，但你無法避免這種問題。在處理危機的途中，你唯一能做的，就是承認自己不可能知道在徹底調查後會發生什麼事，並且告訴大家要做好準備。追求事實，遠比被蒙在鼓裡來得好。

假如你想清楚且誠實的與媒體、民眾、債權人、員工和其他所有人溝通，知曉事實對你而言就尤其重要。根據我的經驗，**維持媒體的信任度也非常重要**。在備受矚目的危機局面中，別人怎麼看待你的處境（無論是你的組織內部或外部的人），多半是由媒體決定的；而這對你的境況好壞會有很強烈的影響。因此，與媒體互動必須非常專注，而且還要謹慎的維持平衡——**你必須說實話，但不必知無不言，只要別誤導對方就好**。

當然，即使領導者以坦率且熱心的態度應付媒體，媒體還是可能很不客氣，而且通常很偏頗。我堅信自由媒體的重要性，但在我的生涯中，我始終覺得，即使是那些努力維持客觀的新聞媒體，都還是偶爾（或經常）會聳人聽聞、誇大、斷章取義，並且贊同沒有證據的看法。社群媒體的出現，已經將這種傾向放大了無數倍。但即使你的陳述沒有什麼可以琢磨的空間，你還是必須試試看。你的目標，就是誠實的傳遞訊息。

說到媒體關係，我這方面的經驗多半是在政府任職期間學到的。高盛經常被金融媒體報導，有時還被嚴重批評，但即使如此，高階政府官員與部門所面對的嚴格審視還是令我招架不住。我在國家經濟委員會任職的時候，總是依賴希薇亞．馬修斯和金．史伯林引導我撐過訪問。當我剛進白宮時，只要我對記者說了些什麼，金就會接著說：「喔，他真正的意思其實是這樣啦……。」

金的評論通常會引人發笑，但他可不是完全在開玩笑。不久之後，我就發現自己應付媒體的能力，還有很大的改善空間。有一次我跟皮特．多梅尼奇（Pete Domenici）一起接受電視臺訪問，他是新墨西哥州的共和黨員、參議院預算委員會的資深議員，同時也是經濟政策領域最有權勢的美國政治人物。主持人的問題大概是：「柯林頓政府未來的賦稅政策是什麼？」我詳細的回答道：「我們會提高社會頂層的所得稅，進而減少赤字……。」但多梅尼奇參議員只是一直重複同樣的話：「**他們要增稅。他們要增稅。**」

訪談結束後，我覺得自己清楚的對美國民眾解釋了一個非常複雜的議題。

「天啊，我表現得太好了！」我對金說道。

「你知道大家只會記得什麼嗎？」他回答。

「我不知道耶，是什麼？」我問。

「你是一個聰明的好人，然後**你想增稅**。」

最後，我在白宮的同事建議我去找麥可・希恩（Michael Sheehan），他是媒體訓練師與演說教練，並跟許多著名的民主黨員合作過，而且他真的很厲害。我們見面時，我就跟麥可說：「我只能做我自己，不能裝成別人。」

他回答：「我會教你怎麼應付電視臺。但你永遠都不必裝成別人。」

麥可說到做到。他教我的東西當中，有些牽涉到媒體的技術性細節。上電視會讓你看起來很沒精神，因此在回答問題時，抑揚頓挫應該要比平常還要明顯。以及在電視上會讓人看起來格外陰沉，所以最好保持微笑，這樣在家看電視的觀眾才會覺得你有保持中立。

麥可也教我怎麼一邊應付記者的問題、一邊堅守自己的訊息。這是個寶貴的技能，而且我是從各路溝通專家那裡學來的。當時柯林頓總統的頂尖溝通顧問喬治・史蒂芬諾伯羅斯（George Stephanopoulos）曾經說過：「對方的每個問題，對你來說都是一次機會。」雖然有些問題好像沒什麼營養，但他在某種意義上是對的。大衛・德雷爾（David Dreyer）是財政部長的高級顧問，他幫助我理解該怎麼充分利用這些機會。他解釋說：「無論你說什麼，都要連結對方的問題。接著，再自然帶到你想說的東西，以及你想帶往的方向。」藉由這種方式，領導者可以利用與媒體的互動來引導對話，同時滿足記者的興趣和優先度。

危機期間，若能既誠實又策略性的應付媒體，就能幫助組織傳達訊息。與此同時，認清「**即使你做得很好，還是有你辦不到的事情**」這個事實也很重要。當喬治・史蒂芬諾伯羅斯卸下白宮通訊主任、轉任新職位時，有一篇報導指稱他已失去總統的信任，但這並非事實，他反而成為了總統的高級顧問，白宮幾乎所有事務都有他的份。

我那時問他：「你為什麼不走出去，駁斥這些謠言？」

但喬治告訴我：「當大火正在燒的時候，你一點辦法都沒有。媒體被捲進來，他們的報導正確與否並不重要。事情只會一直持續下去，直到逐漸平息為止。」

危機管理的終極目標：恢復常態

若能維持穩定的領導階層，便能幫助組織度過危機——但可惜的是，領導階層在危機中，不一定維持得下去。舉個例子，我在擔任花旗的高級顧問約八年後，這間銀行在金融危機與後續的經濟大衰退期間損失慘重。面對民眾的熊熊怒火，我十分尊敬的執行長查爾斯・普林斯（Charles Prince），在危機剛開始時就辭職了。

查爾斯離開花旗時，感覺到他的地位不保，而我認為他很可能是對的。但缺乏穩定的領導階層，讓我們在試圖處理那些影響花旗的問題時，又多了一項挑戰，我們雖然是在為員工和股東而努力，但假如花旗無法從嚴重的財務困境中恢復，將可能對美國整體經濟產生重大衝擊。

我在下一章中將會聊到更多我在花旗的經驗，但因為這跟本章危機管理的討論有關，所以我必須指出重點——**危機不只會威脅到高階主管的穩定度，還會讓組織更難留住人才。**

花旗有個風險，就是本來可能扭轉公司命運的人們，很可能會另謀發展。接任查爾斯成為花旗執行長的維克拉姆・潘迪特（Vikram Pandit），為了提振士氣、留住頂尖人才，使出了絕招——將他的年薪砍到只剩一美元。我認為這種作法不僅能鼓勵其他人留下來、幫助花旗恢復，而且也顯示出他對花旗的長期發展很有信心。

監管機構對花旗這個案例也涉入極深。我在私人機構與政府機關都待過，而且兩方的人士我都非常敬重。唯有合適的法規才能讓自由市場有效運作，因此，我會建議私人部門中與監管機構互動的人，要試著去了解監管機構的利益，以及該怎麼應對它、對他們坦誠相見，並告訴他們，你打算用什麼方式解決問題，才能讓各方都滿意。

面臨危機的組織，也得清楚區分誰必須負責每天應付危機、誰又不必。重要的是，要指派幾個領導階層成員作為危機管理者，他們將會埋首於這項任務——但同樣重要的是，必須告訴其他人專注於自己的工作。組織必須避免分心，才能做好自己的事業。

將這些重點統整起來之後，一個答案就呼之欲出了：**當危機發生時，你需要一套足以應付其規模的計畫**。必須決定誰要加入你的危機管理團隊，該怎麼應付客戶、顧客、債權人、員工或其他利害關係人，該怎麼應付媒體，而整體策略又是什麼。但與此同時，千萬不能讓危機管理占走你太多心力、導致你無暇追求目標。**你必須確保這套應對危機的計畫，不會比危機本身更早把組織消耗殆盡**。

畢竟，危機管理的終極目標就是**恢復常態**。而且在某些情況下，個人、公司、非營利組織，甚至政府機關，在撐過危機後都會比以前更堅強。從危機當中學到的教訓，可以用來避免或減輕其他危機。而且，雖然如果沒處理好危機的文化層面問題，組織也可能會因成員的相互指責而潰散，但艱難的時刻也可能催生出向心力，它能夠強化組織文化，而且即使艱難時刻早已過去，它的效果還是會持續下去。

沒錯，距今十萬年後，領導者管理重大意外威脅的能力，似乎也變得無關緊要了。但在短期內，假如我們要應付最迫切的人性挑戰，那麼決策者不但要懂得降低危機發生的機率，也要懂得處理無可避免的危機。

第 6 章

我把高盛一年賺到的錢全賠光了

當危機襲來，我們本來可以有所準備，或應該要準備，卻因為過度自信而疏忽了。因此在危機過後，我們應該認清一件事：完美的風暴鮮少發生，但它真的會發生。

一九八〇年，高盛的套利部門（當時由我負責營運）達成了一個令人咋舌的里程碑。**我們部門在一個月內，就把公司一整年賺到的錢都賠光了。**

到底發生了什麼事？大致上是這樣：市場普遍預期通貨膨脹率會上升，而我們手上許多部位的估價都受其影響。出乎許多人意料的是，當時的聯準會主席保羅．伏克爾（Paul Volcker），大幅調升利率、降低通膨。這意味著我們所持部位的市價也都突然下跌——不是小跌、也不是零星個案，而是全面暴跌。

公司每月都會舉行合夥人會議，當時大概有七、八十位合夥人。事發當月的會議即將舉行之際，我已經知道至少一個重大的討論主題：拜我的部門所賜，我們面臨了巨大的損失。

我記不得我當時踏進合夥人會議室時的心情了。但我還記得，我認為我們所處的局面可能非常艱困，而且我很難解釋。其中一個原因在於，公司內幾乎沒有人很懂風險套利，其業務是評估已宣布的合併案或收購案的成功機率，然後基於這個評估，去買賣該公司的股票。風險套利對我來說，就跟吃飯喝水一樣，而且它是公司的主要獲利中心，但高盛的大多數合夥人都是投資銀行家，而這又是另一個不同的領域。就連當時經營公司的優秀領導者——約翰．溫伯格以及約翰．懷特海德，都沒有真的多了解套利怎麼運作。他們是企業諮詢出身的，從來都沒參與過高風險業務。

讓情況更加複雜的是，合夥人的個人層面會暴露在我們遭受的風險之下——我在前文提過，高盛當時是合夥公司，而不是上市公司。公司的資本，以及我的部門招致的損失，並不屬於股東，而是屬於合夥人。既然我的部門捅了這樣的大婁子，那麼至少在短期內，會議室裡的人八成會命令我大幅減少風險暴露度，或甚至賣掉我們所有的剩餘部位，以避免遭受更多傷害。我猜大多數組織都會這麼做，或許我的職位、甚至飯碗都會不保。

但事情沒有這樣發展。反之，我們討論了兩個既重要又困難的問題，而所有個人、領導者和組織，最後都必須面對它們：**事情出錯時，我們能從中學到什麼？這樣會如何影響未來的決策？**

做法和結果，往往是兩回事

評估過去的決策，是決策時最重要的因素，也是最常被忽視的因素之一。你必須用嚴格的流程判斷你先前的行動，才能學到教訓，進而改善你未來的選擇。因此，審視和分析以前的決策，是一件既重要又複雜的工作。

不過非比尋常的是（而且我很擔心），我遇過許多人都不認為「評估決策」是個複雜的議題。反之，**他們只重視結果——或者該說，結果就是他們的一切**。在市場上，他們判斷交易員和投資人的基準是「他們賺了多少錢」；在商場上，他們判斷執行長的基準是「這家公司今年的表現相對於競爭者是好是壞」；當他們投票選總統的時候，他們會問：「我們有過得比四年前好嗎？」我從個人經驗得知了一件事：如果一位財政部長的任期如果剛好遇到經濟擴張，他將會獲得許多稱讚，或許遠超他所應得的。

當事情有好結果的時候，人的本能會稱讚決策英明，而當事情有壞結果時，人的本能也會歸咎於決策錯誤。舉個例子，大約二十年前，投資開始流入所謂的「金磚五國[1]」——巴西、俄羅斯、印度、中國、南非，因為大家認為這些經濟體已準備好迅速成長。在新冠肺炎疫情爆發前幾年，嚴重的問題幾乎都發生在中國，於是許多分析師與名嘴紛紛轉向，批評那些吹捧金磚五國，並主張投資它們的人。

就某些方面來說，這種行為（評估決策時，幾乎只看決策過後發生了什麼事）是人類天性的一部分（這似乎在政府內特別普遍，當事情出錯時，媒體和反對黨就會兇猛的興師問罪）。**我們非常注意決策造成的結果，卻忽略了決策前的分析品質**。

這麼做是錯的。在極端狀況下，結果導向的評估方式就會出現很明顯的問題。假如某人買樂透，並中了機率百萬分之一的大獎，許多人會佩服或嫉妒這個人的好運。但幾乎沒有人說投資樂透是明智的財務決策，而且，我們也不會真的仿效樂透贏家的成功之道。反之，我們會認清情境的現實：儘管風險報酬率對我們極度不利，但有些人就是運氣好。

然而，說到評估社會上其他所有決策，我們採取的方法就跟評估樂透贏家時截然不同，而且相對缺乏理智：我們忽略了運氣對結果的影響。我們以為過程跟結果之間有著完美的因果關係，正面的結果必定來自好決策，而負面的結果必定來自壞決策。這種評估方法不只是被誤導而已，還很危險。假如**你對以前的決策做出錯誤的判斷，你會得到被誤導的結論，進而在未來做出更糟的決策，而且反而更有信心**。

「從過去發生的事情中學習」是人類最重要的能力之一，但我得直言不諱的說，社會上許多人的這種能力，都已經失靈了。

雖然我擔心人們只看結果，並不代表我完全忽視結果，我只把結果當成評估過程中的一項因素。比起結果，我試著更重視決策分析與過程是否明智。

雖然決策時並不需要用到拉丁文名詞，但打從幾十年前，就有一個名詞烙印在我腦海。我經常使用「ex post」（「ex post facto」的縮寫，拉丁文「事後」之意）來形容「評估決策時只看結果」。同樣的，我也用「ex ante」（事前）來形容「評估決策的基準包括當時可獲得的資訊、導致該決策的分析，以及得知現實結果之前，對於機率的判斷」。

最後一點尤其重要。事後諸葛當然很準——或者以機率來說，假如結果已經成真，那麼它成真的機率當然是百分之百。不過同樣理所當然的是，**在結果發生之前，它發生的機率就不是百分之百**。採取「事前」推論的人，都知道思考的重點在於事前，而非事後機率。

當初進高盛時，我根本不想做風險套利

許多採取「事後」推論（結果導向）的決策者，並沒有考慮到兩個大方向，因此誤解了決策與結果的關係。

1 金磚五國（BRICS），指五個主要的新興市場國家：巴西（Brazil）、俄羅斯（Russia）、印度（India）、中國（China）、南非（South Africa），取其首字母縮寫的簡稱。

第一個方向是：**你的原因是錯的，但結果是「對」的**——就像樂透贏家一樣，**你的決策雖不明智，卻得到正面的結果**。畢竟，假如你每年都預測「百年發生一次」的大事件，那麼在這一百年當中，你總會有一年「預測正確」。基於這個理由，你不能等事情出錯時才評估決策，在事情順利時也必須評估決策。

不妨思考一下我生涯初期的一次個人選擇。一九六六年，在紐約某間企業法律事務所待了兩年後，我跳槽到一間投資銀行，從事「套利」事業——當時我對其知之甚少。而如果只看我接下來幾十年的人生發展，旁觀者可能會推斷：我做了非常明智的決策。但其實我不認為如此。

首先，**我當時根本不想從事風險套利這一行**。我應徵的是研究工作或投資銀行業，但當時的年代不同，金融公司比現在小很多，僱用的員工也少得多，所以投資銀行業幾乎不可能僱用年輕的律師。也因為這樣，除了套利，其他職位我都沒錄取。

況且，雖然我知道套利的工作內容是「分析已公開宣布的企業交易案，並打電話給相關公司的財務主管，討論這些案子」，但光是這樣就已經跟我的經歷差距相當大（甭提打電話給企業主管也已脫離了我的舒適圈）。而且，我也沒把這項事業調查清楚，所以我不知道套利必須不斷管理巨大的風險，並承受巨大的壓力。在我大幅轉換生涯跑道之前，我從來沒做過盡職調查，也從來沒想過這條路可能會行不通，就這樣一頭栽了進去。

沒想到的是，套利無論在分析面還是心理面都非常適合我。我變得能自在的打電話給各公司的主管，而且我發現自己非常適合應付工作的壓力。而且正如我提過的，套利部門雖然員工較少，卻是公司的主要獲利中心。假如我當初從事了研究或投資銀行業，我的生涯可能就不會這麼成功。

但即使一切發展得非常順利，也改變不了一個事實：我的決策流程有著嚴重的缺陷。我當初真應該事先發現並研究這些問題，再踏入這個既神祕又深奧的事業。

同樣幸運的是，我在進高盛的第四年時，一家老字號的投資銀行——懷特．韋爾德公司（White Weld），邀請我跳槽擔任他們的合夥人。我原本打算至少在高盛待個幾年，但我認為自己永遠無法成為它的合夥人，於是我欣然接受懷特．韋爾德的邀約。接著我把這件事告訴我在高盛的上司，結果L．傑伊．特南鮑姆對我相當火大，因為我沒有事先找他討論。但幸好，他跟格斯．李維（公司當時的經營者）都希望我留下來，他們也沒跟我說「隨便你啦，要滾就滾吧」，反而在該年末讓我成為合夥人。

就這麼巧，懷特．韋爾德在幾年後遭受重大損失（彼時金融市場條件與產業的變化，威脅到許多老公司的生存），最後賣給了美林證券（Merrill Lynch）。如果當時我跳了槽，我的生涯大概會因此受阻。而與此同時，高盛長期以來一直都表現很好。

但再次強調，雖然結果對我有利，並不代表我決策的方式多英明或有效。我也應該花更多功夫去了解懷特．韋爾德，並且在接受另一家公司邀約之前，應該先跟傑伊和格斯解釋情況、告訴他們高盛在我心中的分量，再看看他們怎麼回應。但我沒有盡職調查就先行動，而且選擇的方法不但更可能讓傑伊和格斯生氣，也讓成功率更低。即使我得到了最佳結果，但我並非經過最佳流程才得到它。

原因是錯的，卻導致對的結果，進而使人得到錯誤的結論——這種險境在投資時尤其嚴重。曾有一位思慮周延的執行長，他的顧問公司既成功又備受尊崇，客戶都是高淨值人士。他曾經告訴我，他的公司在二〇〇八～二〇〇九年市場崩盤後大舉投資。

「市場會回溫，」他這麼告訴我，並且解釋他的推論：「它們總是會回溫的。所以我們就買進了。」

他的公司因為這項策略而表現極佳，因為市場確實有回溫。但我回應他的言論時，帶有幾分批評的味道（前文提過我對尾部風險的態度，而我就是用這種態度回應他）。

「我認為你的思考流程是錯的，」我告訴他：「因為你說市場總是會回溫，於是你決定買進股票。**雖然自第二次世界大戰之後，市場確實每次都有回溫，但這並不代表它們以後也一定會回溫**。結果是對的，而且就算你用正確的方式評估決策，你最後也可能做出同樣的決策，但我仍覺得你沒有正確評估。」

這不只是語義上的差別，也並非我不想稱讚對方。但假如一家公司從過往危機學到的教訓是「市場總是會回溫，所以我們應該在危機期間大量買進」，這家公司最後很可能會做出危險的決策、承受意料之外的風險，並且損失一大筆錢。

就算有人中大獎，也不表示買樂透是明智的

當然，**既然錯的原因可能導致「對」的結果，那麼對的原因也可能造成「錯」的結**

果——也就是說，你在事實之前做了推論，但結果是負面的。

就跟樂透贏家的例子一樣，在極端情況下，這個概念是很好懂的。假設我跟你打賭：請你從一到十之間挑一個數字寫在紙上。假如我猜對了數字，你就要給我一美元，但假如我猜錯數字，我就要給你一美元。如此一來，你當然會接受我的打賭。

運用黃頁筆記的方式，便能證實這項決策背後的智慧：你有十分之九的機率賺一美元，同時有十分之一的機率賠一美元。這表示這次打賭你平均可以賺八十美分。加上你一開始就有一美元，所以其期望值是一．八美元。假如你不接受我的打賭，你最後不賺不賠的機率就是百分之百，期望值是一美元，也就是你原本的金額。

假如我猜中你的數字、讓你輸掉，你可能會很失望，但你不會因為這樣就認為接受打賭是錯的，而且你應該會毫不遲疑、再度接受我的打賭。

不過說到更重大的決策，許多人都無法接受一種可能性：**某人做出了一個好選擇、這個選擇非常可能導致正面的結果，但很不巧的，真正發生的卻是其他結果。**因為不希望重蹈覆轍，人們就不敢重複那個造成負面結果的決策——在某些情況下，這樣反而會讓他們以後不敢做出好決策。

我在高盛擔任薪酬委員會主席的時候，有好幾年的時間都在思考這項挑戰。就實務方面來說，當人們因為錯的原因導致對的結果，我能做的其實也不多——**假如某人的推論、對風險和報酬的權衡都有缺陷，卻替公司賺了一大筆錢，他們會期待自己對利潤的貢獻反映在獎金上。**但假如他們沒拿到獎金，通常都會很失望。

可是當情況顛倒的時候（某人今年業績不好），我會試著判定他們的糟糕業績，究竟是壞決策導致的後果，還是因為發生了機率較低的負面結果（前提是我在時間有限、公司員工很多的情況下還可以辦到這件事）。我會跟主管以及這個人的同事談談，並請他們描述這個人的思維。**如果我推斷這個人是好的決策者（儘管結果是負面的），我會至少在某種程度上，試著確保他們的薪資反映前述事實。**

我通常會設法解釋「原因是對的、但結果是錯的」的可能性（也就是說，即使方法和思考很明智，結果卻很不利），而且不只是薪資而已。在我待過的各種組織中，假如一件事情出錯，我往往會試著假設這個人不必負責這個錯誤。也就是說，我會判斷這個人是否做了對的決策，儘管事情的結果很糟。

每個人都會犯錯，但我也認為「每個人都會做出導致壞結果的好決策，並誤以為這個決策是錯的」，這完全是兩回事。我不只一次請同事收回他的道歉，因為我覺得他們做了好決策，無論後來發生了什麼事；而如果對方因此道歉的話，他就會學到錯誤的教訓，且不利於未來發展。

近期就有個「原因是對的、但結果是錯的」的例子，跟我自己的投資組合有關，發生在幾年前，新冠肺炎疫情剛爆發的那幾個月期間。當時我覺得市場對於大環境的反應一定會更加負面，於是我買進了一系列「賣權」（基本上就是一種保險），以對抗未來可能發生之嚴重且持久的市場衰退。最後，市場在一開始下跌之後迅速反彈，而我的賣權也跌破了購買價格。**但我仍然認為我對風險做出了正確的判斷，而且我採取步驟減輕風險也是對的。**

另一種「儘管你的推論很明智，卻導致負面結果」的情形，就是採取低成功率的行動方針，但成功的話可獲得非常高的報酬。想像一下，假如我又找你玩猜數字遊戲，而這次我提出了新的賭局：我從一到十之間挑一個數字，假如你猜對，我給你一百美元；假如你猜錯，你給我一美元。接受這個賭局是很值得的——即使你知道你有十分之九的機率會輸掉。

至於到底值得在哪裡？黃頁筆記法再度證明給你看：如果你接受新賭局的話，有十分之一的機率賺一百美元，而且有十分之九的機率賠一美元，所以你預期可以賺九．一美元，再加上原本的錢，期望值就是十．一美元。這比不接受賭局的期望值（一美元）高太多了。

領導者（甚至非常重要的機構領導者）經常無法認清一件事：**成功機率很低、但潛在報酬很大的決策，也可能是明智的決策**。一九九〇年代，俄羅斯在鮑利斯．葉爾辛（Boris Yeltsin）總統的統治下，經濟嚴重衰退。柯林頓政府分期提供財務資源給葉爾辛政府，每一期都按照改革的實施進度發放，但很可惜的是，我們的介入並沒有導致希望的經濟或政治結果發生。

小布希上臺後沒多久，下一任財政部長保羅．歐尼爾（Paul O'Neill）就批評了我們對俄羅斯的策略。

我並不擔心新政府對舊政府的不認同，但我擔心的是歐尼爾的主張：**他說我們的努力在事後證明是失敗的，因此我們一開始的嘗試是錯的**。但有人問他，為什麼他贊同我們努力穩定墨西哥的經濟（類似於我們對俄羅斯的措施）？他卻再度歸因於結果：「**我喜歡它是因為它有效。**」

我認為這種判斷決策者行動，或設定自己路線的方式是錯誤的。關於俄羅斯的經濟危機，我認為我們的決策是對的，即使結果不如我們所希望。我們的流程十分周密，也謹慎思考過重要的問題：我們該怎麼支持俄羅斯的改革者，以及有多少改革者能受益於穩定的經濟？俄羅斯的立法機關改革，進而使我們得以繼續計畫的機率有多大？假如我們不再對俄羅斯提供任何援助，那麼我們為了建立俄羅斯的民主政治所付出的努力，會發生什麼變數？

在問過這些問題之後，我們很清楚知道這個計畫的成功率很低——我們承認俄羅斯貪污嚴重、不太可能改革，而且有些錢或許會流入錯誤的地方。

但是到最後，我們即使知曉成功機率很低，還是發起了經濟援助，因為我們推斷，這項計畫假如成功，將很可能會為全球穩定、民主政治與美國利益帶來巨大的效益。換句話說，當我們將「正面結果的低機率」乘以「結果成真時的可能影響」後，期望值依然很高。一旦我們清楚俄羅斯的立法機關不會通過必要的改革法案，而且推斷大部分的金援確實落入歹人之手，那麼維持計畫的期望值就改變了，我們也會因此終止它。

當然，這些只是我們對於機率與結果的判斷。歐尼爾部長可以主張我們高估了成功率，或高估了成功之後的效益。雖然我們不同意他的主張，但他本來可以針對我們評估決策的方式，做一次有收穫的「事前」討論。可是他反而忽視機率，做了「事後」評估，如此一來很可能導致將來出現更糟的決策。

要從經驗找教訓，而不是最終成果

我的意思絕對不是「結果完全無關緊要」。在許多情況下（或許是大多數情況下），好的決策會導致較好的結果，而壞的決策會導致較壞的結果。但如果反射性的稱讚正面結果、責怪負面結果，你就忽略了其他的可能性，其中至少包括以下四種關鍵的可能性：

第一，你可能**高估正面結果的機率，但正面結果還是成真了**。

第二，你可能**高估了期望結果所帶來的效益，但還是得到正面的結果**。

第三，你可能**正確估計了期望結果的機率，但得到不希望的結果**。

最後，就跟我們對俄羅斯經濟的措施一樣，你可能**正確判斷了低機率的結果，其有著很高的潛在效益**（期望值很高），於是你決定追求這個結果，但希望的結果沒有發生。

一切聽起來很複雜嗎？因為評估過去的決策，本來就是一件很複雜的事。如果你想一直對過往決策做出有價值的判斷，並且學到對的教訓、幫助你在未來做出更好的決策，唯有接受「事前」推論的複雜度。

當然，你必須承認「事前」推論也有自己的誘惑力。假如你做了一個我反對的決策，結果一切都很順利，我可能會反射性的說你運氣好，卻沒有審視你做出明智決策的可能性。因為你不可能證實這跟運氣完全無關，所以你無法打消我所有懷疑，我也不必承認你的決策是明智的。

另一方面，當你面對負面結果時，也可以用同樣的推論來唬人。假如我做了決策X，因為我預測的結果是Y，但結果是Z，我總是可以說：「好吧，根據『事前』推論，Y是最可能的結果，但我就是運氣不好。」

我認識一位非常成功的投資人，儘管他很成功，但他就是這類行為的典型人物。他總會說某件事有五五％的機率會發生，而如果這件事真的發生，他就可以說自己預測神準，但如果沒發生，他可以說自己早就警告過你，機率接近五五波。雖然他使用了機率性思考的語言，卻一點都不是真正的機率性。假如某人的結論一直都是「正面結果應該歸功於他，但負面結果不能歸咎於他」，那麼這個人的思考顯然並不嚴謹。

世上沒有簡單的途徑能避免「事前」評估決策所產生的誘惑力，只有困難的途徑：讓自己維持高標準的理性正直，並在審視過往決策時盡可能誠實，**即使這樣可能會導致你不喜歡的結論**。

如果你採取「事前」推論去評估決策，那麼也沒有任何完美的測試方式，能確定一個判斷是否明智。在此，我採用「理性自然人」的標準，它本來是應用於許多法律問題的。舉例來說，在侵權行為法中，假如你因為我的房地產出狀況而受傷，那麼問題就是：**理性的人是否會認清這些狀況造成的風險，並且將其修正？**如果答案是肯定的，那我就有法律責任；如果答案是否定的，那我就沒有責任。

同樣的方法也能應用於評估過往的決策，其形式有兩種：理性的人在看過決策者當時可獲得的所有資訊後，是否覺得這個決策明智？理性的人在看過當時的資訊分析、實行的決策流程之後，是否覺得做決策的方法嚴謹？

此外，無論這兩個問題的答案為何，理性的人在看過決策和結果之後，會學到什麼教訓，進而塑造他們未來的決策流程？這個問題並不是用來判定過往決策的品質，因為這幾乎全靠事後諸葛來解答。但它還是很重要，因為探討這個問題，就能幫助人們在未來做出更好的決策。

如果你問的問題，是為了要嚴謹評估以前的決策，並從中學習，那麼答案通常都不簡單。隨便舉個例子，有一位我非常尊敬的朋友，它對於地緣政治方面的事非常有經驗。但如今他主張：二〇〇三年美國入侵伊拉克是個好的決策，它只是打算要重建這個貧窮的國家。

雖然我強烈反對這個看法。但沒有人可以在百分之百確定的情況下，客觀的表示誰對誰錯。我們能盡力做到的，就有用理性的嚴謹和開放的心靈來處理這個主題，比較我們各自立場的主張，並盡可能得到最明智的結論，讓我們在未來類似的情境下可以應用它們。

讓這一切更加複雜的是，**我們所認為的個人決策，其實很少出自單一選擇或時刻。反之，大型決策是多種因素造成的結果、橫跨不同的時間長度**，而這一切都應該列入考慮，才能知道是否有可以學習的正確教訓。無論發生什麼結果，這個觀念都很重要，而且在分析過往發生負面結果的事件時，更要有這種觀念。

次級房貸風暴的教訓

這讓我想到曾經在花旗集團擔任高級顧問的經驗。前文提過，我在離開財政部不久後就加入了花旗。這間公司在頭幾年的表現非常好。但是到了二〇〇七年秋季，我接到執行長查爾斯．普林斯的電話，那天是週六，我正坐在我的公寓裡。

「我們的某些槓桿收購（Leveraged BuyOuts，簡稱LBO，一種金融商品）有問題。」他說道。

查爾斯週末在家打電話給我，實在不是什麼好徵兆，但還算滿正常的。我以為我們會開個會、討論這個問題、想出計畫解決它，接著再面對下個挑戰。

但我錯了。在那次會議中，花旗大多數的高階主管，以及我這個高級顧問第一次得知：固定收益部門的交易員所持有的某個部位，將會造成花旗史上最嚴重的危機。我們得知的最大問題，其實不是LBO，而是另一種不同的證券——由次級房貸支撐的「擔保債權憑證」（Collateralized Debt Obligation，簡稱CDO）。這些CDO分成好幾個「券次」，每個券次的風險等級都不同。「超高級」券次的持有者會優先獲得償還，再來是「高級」券次的持有者，以此類推。

由於房市在二〇〇〇年代初期與中期很繁榮，大多數金融公司都有買賣次級CDO，就跟買賣股票或債權一樣。但在二〇〇七年九月十二日的那場會議中（查爾斯請我參加的那一場），我們得知花旗帳面上有四百三十億美元的資產，是由次級房貸支撐的，跟其他金融機構相比，這個部位實在太大了——因此（基於各種理由，我還是長話短說好了），這些資產並沒有出現在高階主管與董事會的「風險報告」中。

我擔任過各種組織的職位，而且我在這些組織中都經歷過好結果與壞結果。在花旗接下來發生的事情，**是我擔任過高階職位的大型機構中最糟糕的結果，而且是糟糕很多**。沒錯，在經過金融危機與後續的經濟大衰退後，花旗恢復了過來，其他幾家金融機構則沒有。但花旗受到的影響非常嚴重，它靠著聯邦政府大量且緊急挹注的資金才穩定下來，而且比危機期間其他任何金融機構獲得的資金都多。花旗最後償還了貸款，政府也賣掉了花旗的股票，替納稅人賺了一百二十億美元，但事實依舊存在：**花旗必須靠聯邦援助才救得回來**。

花旗的嚴重困境所造成的後果，不只波及華爾街而已。公司的股東（不只是有錢的投資人，還有退休基金、工會福利計畫，以及拿自己的退休金來投資的人）也挨了一記重拳。

花旗的困境，既是這次全球金融危機（自從經濟大蕭條之後最嚴重的一次）的一部分，也是它的元兇之一。數百萬人（這些人的職業跟金融部門無關，而且在許多情況下，並沒有分享到崩盤前繁榮時期的經濟利益）失去了工作、家園和存款。雖然經濟最後恢復了，但就業市場與住宅市場花了好幾年才反彈到危機之前的水準。這是個悲慘卻無可否認的事實：生活被危機顛覆，並在某些情況下被永遠改變，而花旗，我當時任職的機構，正是這個危機的元兇之一。這個危機除了使人失去工作和家園，也讓無數美國人對我們的金融體系（更廣義來說是我們的機構）失去信心。整個社會至今仍然感受到「失去信心」所造成的影響。

整個金融體系（從資產管理人和聯邦準備系統，到華盛頓的政策制定者和記者）中，只有少數人預測危機即將到來。我很後悔自己不是其中之一。事後諸葛一下，假如我更準確的預測接下來發生的事情，或許我就更可能引起大家對它的關注。

可是當你評估以前的事件時，重要的是別只問：「假如我能回到那時候，我可以怎麼做？」而是要問：「我當時應該怎麼做才對？」對於往事的嚴格分析（包括對一個人的判斷進行「事前」評估），是學到教訓的最佳方式，能幫助領導者在未來做出更好的決策。**再怎麼深思熟慮都無法改變已經發生的事情，但這樣或許能改變未來發生的事情。**

反之亦然。假如領導者與民眾，沒有誠實且完整的檢視危機之前的決策（假如他們忽略已發生的事情，或是以過於結果導向的方式評估已發生的事），下次危機就可能會更快到來、更加嚴重，或兩者皆是。我們的國家如今已從經驗得知，假如我們無法防止或減輕下次危機，那麼受害最深的人，有許多都不在華爾街或華盛頓——**他們是收入較低的中產階級家庭，而他們的經濟安全，則非常仰賴政府與金融部門領導者的明智決策。**

回顧過去，不只是理智方面，連情感方面都可能很痛苦。我成為公眾人物（無論形式為何）至少已經四十年了。但我經歷過的批評，從來沒有像我在花旗的最後一年那樣嚴厲——無論批評的本質或調性。在經濟崩盤後，美國的每個部分都受到衝擊，許多人都感到痛苦，所以我被批評也不意外。我是金融世界與公共政策領域中的名人，而且當危機襲來時，我還在危機中心的其中一家金融機構擔任高級顧問。我如果沒被大肆批評，那才奇怪呢。

最後，我可能無法好好判斷哪些批評是準確的，而哪些較不準確。而且這也不是「哪裡出錯了？」這個問題的重點。我的目標是盡可能客觀的分析參與過的事件，但也得承認這只是個人看法，我試圖從自己的決策中學到教訓，目的是讓未來的領導者可以學習。

比方說，在危機發生前夕，有個地方我認為可以做出更好的決策，那就是花旗的文化。**花旗的文化非常短期導向，重點一般都放在下一季，而不是下一年或接下來五年。**我在花旗任職期間，有時我會鼓勵公司採納更長期的看法，但我其實應該更用力推動大家改變文化，而且根據「事前」推論，沒有更用力推動就是一個錯誤。今後，金融機構的領導者應該要比我更重視公司的長期發展。

花旗在危機期間面臨的麻煩，有多少是被這種短期主義惹出來的？這很難說，因為各種金融機構（各種文化）都經歷了重大損失。但假如花旗的大方向不只是思考下一季，交易員或許就不會持有這麼大的次級CDO部位，而沒有對長期風險做更透徹的分析。無論短期思維在這個案例中造成了多麼糟糕的結果，**花旗把重心放在短期，使得壞結果更可能發生，而我決定不要更努力去改變這個重心，就是一項錯誤。**

另一記警鐘：不太可能發生，就是可能會發生

我在危機前夕的另一個決策失誤，跟住宅市場有關。我之前提過，讓花旗差點倒閉的CDO，是由次級房貸所支撐。在危機發生的一年多以前，我跟大家說市場會過熱（大概這個意思），並且指出幾個具體的指標（例如信用利差大幅緊縮，或美國家庭的債務水準無法持續），它們或許能警示即將發生的麻煩。但我也沒有特別重視住宅市場。

這個領域，使我必須小心別落入結果導向分析的陷阱。既然房市崩盤造成了這個危機，我可以輕易的事後諸葛，判定我應該更留意房市才對。但我認為，即使當時我不知道結果，我也應該更留意房市。有些分析師看見了房市的警訊，並試著把它們指出來。我當時可以，也應該要提出疑問，並試著理解他們在說什麼，以及為什麼。

我並不是在說，金融界人士應該要預料到次級房市崩盤——畢竟大多數人都沒料到。我的意思是，一個理性的人調查問題的方式，應該要提高他準確預測危機的機率。我當時應該更好奇一點才對。

毫不意外，我認為花旗持有四百三十億美元的次級房貸CDO，也是一項錯誤，但重點在於理解這個錯誤的本質。有些人推斷，既然花旗持有四百三十億美元的房貸證券部位，而且這個部位後來極度不穩定，那麼花旗肯定是風險愛好者。但事實上，**花旗持有四百三十億美元的次級CDO部位，並不是因為它亟欲承受巨大的信用風險。花旗持有次級CDO部位，是因為它以為這樣做幾乎沒有信用風險（事後證明這種想法錯得離譜）**。

花旗持有的CDO是所謂的「超高級」券次——也因此，獨立信用評等機構將它們評為「AAA」，也就是最高的等級。這表示它們被認為是「好錢」，實務上的風險為零。而事實上，也因為大家都認為AAA等級的證券很安全，因此它們的部位不會被納入董事會和高階主管的風險報告。這也是為什麼，我們許多人都在二〇〇七年年末時才發現CDO有問題，而沒有早點發現。

即使我確實知道有這四百三十億美元的部位，但我沒有重視這些CDO的違約風險，畢竟它們的信用評等跟美國政府債券一樣。我告訴交易員，我很擔心我們持有四百三十億美元的部位（無論它是什麼），有一句諺語說：「投資銀行是搬家業，不是倉儲業。」我也擔心，假如利率改變，我們的部位將會貶值。**但我從來沒有認真思考「ＡＡＡ證券的價值跌到趨近於零」的可能性。**

整條華爾街（大多數金融機構、財經記者、以及市場的監管機關）都表明ＡＡＡ證券幾乎沒有違約風險，這不只是沒有爭議，而是理所當然。回顧過去，我認為集體的錯誤假設並不是團體迷思（每個人對一個議題抱持相同意見）。但是「幾乎沒人對這個議題進行嚴謹的分析」，這件事就是一種團體迷思了。

我認為今後華爾街的決策者，都應該從上述這件事學到最重要的教訓。最顯而易見的是，證券被評等機構評為ＡＡＡ，並不代表它幾乎沒有信用風險。我認為投資公司，應該還是可以將ＡＡＡ證券解讀為「不太可能發生嚴重信用問題」的商品。但一家公司也應該要觀察證券背後的信用，自己進行嚴謹的分析，並做出獨立判斷，因為評等機構也是會犯錯的。

在花旗和金融體系發生的事情中，還有一個更廣義的教訓可以學習，它不只跟ＡＡＡ債券的風險有關，而是觸及假設的本質。組織或個人可以很輕鬆的說他們不做假設，但這從來就不是真的。

比方說，根據假設，明天會有一顆小行星撞到地球。但我們大多數人都不會為了這個可能性去擬定應變計畫，畢竟我們大多數人，可能甚至不會承認自己做了這個假設。說個題外話，格斯・李維曾提醒他在高盛的同事「千萬不要假設任何事情」，我猜他也不完全是字面上的意思。

當一個假設太普遍，使我們不再意識到自己做了這個假設，問題就可能出現：我們將變得沒有能力去評估它是否合理。「ＡＡＡ證券的違約風險高於預期，進而在未來造成危機」雖然並非不可能的事，但我認為機率不高，畢竟金融體系內的機構和其他人會試著別再重蹈覆轍。但很可能遲早會有其他普遍的假設，在事後證明這是錯的，並且造成危機。

因此，如果我有建議要給現在的銀行（像是花旗）交易員或其他的部位持有者，我希望他們能**定期確認假設（無論大小），因為他們可能沒意識到自己做了這些假設**。這有一部分是因為我從二〇〇八年的金融危機學到了教訓，這些假設大多數應該都沒有事後爭議，但如果列舉一張清單，在某些情況下就能讓他們認清一個幾乎篤定的真相：高機率的結果其實包含了尾部風險。

只要嚴謹評估並分析這次危機，整個金融部門的決策者就能學到教訓；同理的，政府的政策制定者也能學到教訓。

危機發生前的那幾年，許多經濟政策方面的一流思想家，似乎**認為第二次經濟大蕭條不只是「不太可能發生」，而是「不可能發生」**。我清楚記得一九九〇年代初期，我跟紐約的傳奇參議員丹尼爾・派翠克・莫尼漢（Daniel Patrick Moynihan）共進午餐。我非常欣賞和尊敬莫尼漢參議員，但在那次對談中，他的一句話，烙印在我腦海裡好幾年。

「我們已經駕馭了景氣循環，」他告訴我：「我們還是會有衰退，但我們現在有新的政策工具，所以我們再也不會面臨一九三〇年代那樣的危機。」

從經濟大蕭條結束到二〇〇七年為止，他都是對的。但回想起來，他的分析還是基於結果——基本上，他主張我們我已經好幾十年沒經歷過大規模經濟崩盤，所以我們已經駕馭了景氣循環。結果當經濟大衰退一襲來，這個主張就被駁倒了。

莫尼漢參議員的看法並不獨特。回顧這件事，驚人之處並非「經濟大衰退這樣的危機居然會發生」，而是「有太多經濟思想家信心滿滿的認為它不會發生」。

假如我們採取「事前」推論來審視危機前夕的集體思考，我們所能得到的最重要的結論之一，牽涉到「對經濟政策普遍過於自信所造成的危險」。我們對於政策的理解度，在第二次世界大戰後確實變得更精明，但假如我們推斷「發生系統性危機的可能性，已經徹底消失」，那就錯了。**當這種危機襲來，我們本來可以有所準備，或應該要準備，卻因為自信過度而疏忽了。**

因此在危機過後，我們應該認清一件事：**完美的風暴鮮少發生，但它真的會發生**。而且根據定義，只有極少數人能夠預期或預測它的發展。因此政策制定者的工作，不只是藉由合理的法規和財政政策，降低危機的頻率和傷害，他們還要認清一件事：危機即使不頻繁，當其到來之時總是無可避免，因此他們的決策必須將這件事納入考量。

賠錢、大蕭條，都是學到教訓的好機會

關於我在一九九〇年代以經濟政策制定者身分做出的決策，我也思考了不少。比方說，

一九九九年，我支持兩黨都贊同的立法，以廢除《格拉斯－斯蒂格爾法案》（*Glass- Steagall Act*），這是一部一九三〇年代的法規，將商業銀行與投資銀行區隔開來。這在當時是很有爭議的決策，有些人便主張，廢除《格拉斯－斯蒂格爾法案》，就是二〇〇七年起經濟危機的主要驅動力之一。

我仔細思考過這個概念，並試著盡可能客觀，但我認為這個概念並不符合事實。我與知識豐富的銀行法專家聊過這件事，他們所有人都表示，一九九九年《格拉斯－斯蒂格爾法案》被完全廢除之時，聯邦準備系統好幾年來的解讀都是：**這樣會讓銀行可以為所欲為，進而助長危機**——這當然只是事後諸葛。該法案中禁止銀行寫保單或販賣保單，但這些活動，跟花旗等銀行在二〇〇七～二〇〇八年面臨的危機或挑戰，其實幾乎無關。就連最原始的一九三三年《格拉斯－斯蒂格爾法案》內容，**都沒有禁止金融公司買進大量CDO，因為這種交易的媒介是房貸，從來就沒包含在法案裡，因此銀行一直都可以這樣做。**

不過，雖然我對自己的看法很有信心（廢除《格拉斯－斯蒂格爾法案》並沒有造成金融危機），但我覺得大家在該領域彼此交換看法，是非常有幫助的一件事——前提是這些看法並不只是基於結果的分析。你不能只指出「廢除《格拉斯－斯蒂格爾法案》」和「後來經濟崩盤」，然後就推斷「廢除該法案必定會造成崩盤」。我認為，我們如果針對二〇〇七～二〇〇八年危機前夕的金融法規，以及能夠預防下次危機的法規，來一場既廣泛又理性嚴謹的辯論，對於未來的決策者應該會有幫助。即使我不會贊同所有看法，而且我無法完全篤定哪個看法是對的。

危機過後，另一個被廣泛討論的議題是「衍生性金融商品」所扮演的角色。這種非傳統金融工具，在經濟崩盤前夕幾乎不受法規約束，而且在危機期間，它們還威脅到保險巨頭AIG的償付能力。我長久以來都認為，政府應該更嚴格的監管衍生性金融商品，因為它們讓投資暴露於風險之中，還有可能造成顛覆效應。

我在高盛擔任共同高級合夥人的時候，曾經拜訪芝加哥期貨交易所，請它推行更嚴格的保證金要求和資本適足要求，這樣就能限制投資人借錢購買衍生性金融商品的能力，並且要求買賣衍生性金融商品的銀行必須持有更多準備金。後來我在財政部任職時，也繼續支持衍生性金融商品的法規——儘管我覺得這需要複雜的政策，而且這些政策可能弊大於利。

最後，儘管我很擔心，但我從來都沒有機會好好重視衍生性金融商品法規，因為亞洲金融危機這類議題是更優先的事項。二〇一〇年，《陶德—法蘭克金融監管法案》（*Dodd-Frank Act*）針對衍生性金融商品推行了新規定。我很贊同這個法案，但我認為它應該更進一步增加保證金要求和資本適足要求。

更廣泛的說，**我認為今後政策制定者應該要有更多作為，讓法規能追上金融部門的創新**。而且大致上來說，我認為金融產業應該要支持這個概念，不只因為**這樣能減輕未來危機造成的經濟困境，也因為美國人更加信任受到充分管制的金融部門**。類似的邏輯也使我支持設立消費者金融保護局，作為二〇一〇年《陶德—法蘭克法案》的一部分。

試著謹慎且全面的分析經濟大衰退期間發生的事（並且從過往的決策學到更廣泛的教訓），並不像「只看結果」那樣簡單或令人發自內心的滿足。但是多一點努力、複雜度和不確定性是值得的。假如你的目標是學到教訓，並讓自己在未來做出更好的決策，那麼用來評估正、負面結果的正確方法，不只是實用而已，而是必要的。

這令我回想起四十幾年前，我的部門賠了一大筆錢之後，高盛召開的那場合夥人會議。起初，我真的不確定合夥人會怎麼回應，但我是這麼說的：「我們損失這麼慘重，是因為聯準會決定調升利率，市場結構已經改變。**有鑑於這個改變，與其只重視當下的結果，不如重新檢視我們每個部位的期望值分析**。假如一個部位的期望值仍然是負的，我們就減少或完全消除這個部位，並接受我們的損失。但假如有部位通過這項測試（經過嚴謹的重新評估後，期望值依然是正的），那麼我們不只要持有這些部位，還可以考慮增加它們。」

管理委員會（更廣泛來說是合夥人）都贊同我採取這種方式。我們打開了黃頁筆記，並基於新現實，仔細審視我們的每個部位（像是預期通貨膨脹率的變化、市場的變化，以及利潤前景變化），然後在每個情況下都問自己：「我們要不要賣？」在某些情況下，我們甚至會增加我們現有的部位。

很少有組織在負面結果之後還能贊同這種構想，但高盛的合夥人做到了。而且幸運的是，在這個案例中，我們最後不只是停損。當市場反彈後，明智的決策（以及利用正確的方式，分析過去的決策，並從中學到教訓）就會導致非常正面的結果。

第 7 章

聽聽那些刺耳的話

好的決策者不必贊同挑戰者的意見，但必須聽他們說話。

在你判斷機率和結果的時候，假如某些考量沒有列入表格中，你做出最佳決策的機率就會降低，而且通常是大幅降低。

回顧我的人生和生涯，有許多時刻我都記得一清二楚，因為有人提出了很有見地，同時很有挑戰性的觀點。我認為，這些時刻都深深影響了我對決策的看法，其中一個像這樣的時刻，發生在五十幾年前的一場高盛合夥人會議。

那時是一九七一年年初，高盛剛替賓州中央交通公司發行商業票據後不久，後來賓州中央交通公司破產，讓我們的公司吃了一些官司，因而面臨停業的威脅（就是在打這些官司的時候，我跟格斯．李維說我很擔心他一開始選的首席律師）。雖然合夥人舉行這場會議時，公司已經度過危機很久了，但所有人都還記得這個事件。一位年輕合夥人——理查．門謝爾（Richard Menschel）舉手問道：「我們沒有好好審視賓州中央交通公司，難道是因為，它是某位高級合夥人的客戶？」

理查所謂的高級合夥人，其實就是格斯——也就是公司的負責人，這次會議就是他舉行的。我沒有清楚記住格斯對理查的答覆，但我記得他的語氣。我這麼委婉的說好了——他超不爽的。

不過，格斯儘管一開始勃然大怒，但他沒有怨恨理查。他透過自己的行動（應該說他的立即反應），展現出他接納理查意見的肚量。這次會議後沒多久，高盛就雇用了經驗豐富的信貸分析師擔任顧問，審視我們發行商業票據的方式，然後針對公司流程提出有意義的建議。到了最後，公司改善了它做生意的方式，有一大部分要歸功於理查那個挑戰性的問題。

我很幸運能參加許多這樣的會議（以及加入許多類似機構），它們不只允許大家表達不同於群體共識或最終決策者意見的看法，甚至主動鼓勵他們這樣做，即使他們可能會使人不舒服。我清楚的記得，自己跟柯林頓總統以及其他頂尖顧問坐在內閣會議室或羅斯福會議室，討論經濟方面的重要事務。假如所有人的意見都朝著同一個方向，或所有人都贊同總統時，他就會插話，請大家舉出反對意見：「另一方面的情況是什麼？反對的人會說什麼？如果我們是錯的，又是為什麼？」

前文中曾討論過，**在政府與政治中促進這類意見交換，可能比在私人部門中更困難**。政府在諸多層面上的高度公開透明，有時或許會很實用，但也可能嚴重妨礙大家說實話的意願。而且，政府官員受到來自媒體、對手的審視和批評，通常也遠比私人部門還多，這也讓大家更不敢承認錯誤。最後，即使在閉門會議中，「某人對媒體洩漏令人不安的問題或主張」的機率還是很高（相較之下，企業內部就很少發生這種事），因此大家可能更不敢討論看法。

但令我驚訝的是，**儘管有這些挑戰，柯林頓總統還是營造出一種氣氛，讓你可以放心提問、反對他，甚至批評他以前的決策**。所有人都同心協力，確定最佳的前進路線。你可以提出論點、反對主張、測試提議——然後突然間，你才意識到眼前跟你辯論的人是美國總統。即使這位總統是地球上權力最大的人，你卻從來都不會覺得自己是在為他效力，反而覺得在跟他並肩作戰。

我在經營國家經濟委員會與財政部時，曾試圖營造類似的會議環境。我們的辯論都是真誠且理性的，而這在高風險的情況下實屬難得。聯準會主席艾倫．葛林斯班（Alan Greenspan），曾經形容這些會議就像研究生研討會，像到他很喜歡來財政部參與其中。艾倫喜歡我們辯論時的某些要素（大家會提出不同的問題，並彼此鼓勵說出不同的意見），而我認為正是這些要素，給了我們必要的資訊和知識，盡可能做出最佳決策。

我在此抱著喜愛與感激之情回顧這些環境（五十幾年前的那次合夥人會議、柯林頓執政的白宮、我們在財政部的政策辯論）。而我認為它們凸顯出明智決策最重要的必要條件：**對於「無拘束討論」的承諾**。

誰都可以說話，不等於誰都可以亂說話

我讀過各種作家和思想家的作品，在大學和法學院跟教授一起修習課業，並與同學理性交流，這一切都塑造了我對於上述主題的意見。而這些經驗也受到更近期經驗的影響，包括與意見不合的熟人和同事的許多討論，有時候還吵得相當激烈。

這些互動都很有價值，理由如下：

第一，它們促使我**考慮新的概念**。

第二，在某些情況下，**它們促使我改變想法**。

第三，**它們提供了理性爭辯的夥伴**——因此我必須更用心確定議題、評估主張，並且提出充分理由辯護自己的看法。

這些都讓我成為更好的決策者，假如你想盡可能的對機率和結果做出最好的黃頁筆記式評估，就必須充分掌握資訊——而真正充分掌握資訊的方式，就是以熟練、誠實且坦率的態

度，跟別人交換看法，包括所有相關議題的意見分歧和討論。

簡單來說，我認為**不管對個人、組織和社會，只要允許、保障並鼓勵開放的意見交流，就能做出更好的決策**。

這個概念乍看之下似乎很直截了當，尤其美國文化是由其憲法第一修正案[1]的精神所引導。但根據我的經驗，促進無拘束討論，在實務上既不單純也不容易。就我記憶所及，營造讓大家可以公開聲明與討論看法的環境，可說是決策者面臨的最大挑戰之一——雖然就某些方面來說，這個挑戰從未像今天這麼艱鉅。

在更進一步之前，我們先必須檢視「無拘束討論」真正的意義。畢竟，沒有對話是真的毫無限制的。美國憲法禁止政府限制言論自由，並清楚表達了有利於自由表達的廣泛原則，但即使是憲法第一修正案都有一些警告，雖然不多，卻很真實。發言者不能以自由表達的名義，直接煽動暴力、誹謗，或公然猥褻。我認為這些都是合理的限制。

除了少數對言論的明確限制之外，所有討論都受到不成文的社會習俗所束縛。比方說，假如你一直說些跟討論主題完全無關的事，或者為了支持自己的看法而說謊，甚至人身攻擊，那麼下次對方討論時就不會找你了。這種排斥跟無拘束討論的概念並不衝突，這僅僅代

1 編按：美國憲法第一修正案簡要內容為：國會不得制定有關下列事項的法律：確立一種宗教或禁止信教自由，剝奪言論自由或出版自由，或剝奪人民和平集會及向政府要求伸冤的權利。

表對方不想找你討論而已。

因此，我所謂的無拘束討論，並不是在定義每個時刻或背景下可以說什麼和不可以說什麼，而是一種整體的方法。當我說一次討論或決策流程是「無拘束」的，意思是參與它的人獲准表達他們的看法，即使這些看法令人擔憂或不受歡迎。

我猜有些人對「開放的意見交流」的想像畫面，是一群人大聲的爭吵，但我認為正好相反：**如果想營造一種無拘束討論的文化，第一步就是鼓勵大家尊重彼此**。就跟大多數人一樣，我認為個體應該試著體貼對待彼此，並盡量互相相信，除非對方明顯站不住腳。這不只是禮貌或客氣而已，假如你先假定別人的行動是真誠的，並且確信對方對你的假定也是如此，你就更可能說出真正的想法，同時開放的接受對方同樣真誠的話語。

這非常重要，根據我的經驗，若想培養有成效的討論，需要人人抱持開放的態度：**認清複雜度和不確定性，鼓勵思慮周延的意見分歧，以及敏感主題的討論，以及確保大家不會認為領導者的看法不容質疑或絕對正確**。

另一個理性開放態度（以及保障無拘束討論）的構成要素，就是**營造能使人們安心承認，自己與他人知識落差的環境**。有太多人認為說出「我不知道」就是一種失敗，這種態度讓人不敢提問，因為他們害怕別人知道自己缺乏知識，於是群體與其領導者資訊不足的機率就會提高，致使他們做出錯誤的決策。

反過來說，承認知識落差、尋求更多資訊，就會讓個體與組織更可能做出好決策。正如我的好友——外交關係協會會長理察・哈斯（Richard Haass）所說：「『我不知道』是一種可被證實的陳述。」

理性開放的態度，能營造出讓人們與領導者攜手做出最佳決策的環境；人們會感到自己的看法在決策過程中受到尊重，並且獲准提出上一章討論的問題：「哪裡出錯了？」

尤其重要的是，這種問題的答案，很可能會挑戰執行長或其他高階主管的決策——正如理查．門謝爾在那次合夥人會議，提出對賓州中央交通公司的疑問那般。應該不難明白，這種問題為什麼很少有人問。太多執行長或其他位高權重的人們，並不習慣被質疑，尤其被比自己資淺的人質疑。在某些情況下，他們會營造恐嚇的氣氛，讓人不敢提出挑戰。也有些情況下，大家其實有權挑戰領導者，卻假設領導者不想被挑戰，因此選擇作罷。

但假如領導者沒有好好應付困難的提問，或承認自身錯誤，就會使自己難以評估決策。假如組織在營運上假定高階主管不會犯錯，或不想被人糾出錯誤，那麼他們就無法從錯誤中學習。

抓戰犯的代價，就是沒人敢發表意見（包括很好的意見）

我在高盛擔任領導職位時，便希望所有人都能隨意提出「那種需要勇氣的問題」——也就是理查在一九七一年提出的那種。**一個環境如果不能提出困難問題，並誠實的討論它們，其功能就很可能會嚴重失調**。但我猜，這種功能失調太常發生於組織內，最主要的原因便是組織內的人不願審視過往決策，尤其是高階領導人的決策。

即使組織願意嚴謹的分析，評估過往決策的品質（包括高階領導人的決策），他們也太常把重點放在「找出罪魁禍首」上。一般來說，這樣會適得其反，因為大家一旦發現主管在試著揪出代罪羔羊，**他們就會只求自保，而非好好評估決策**。這樣一來，決策者就反而沒有機會受益於群體的見解了。

營造讓人安心承認錯誤的環境，不只有心理上的鼓勵效果，也有實際上的作用。這能幫助領導者了解發生了什麼事，並因此改善未來的決策。人們必須清楚知道自己不會遭受不公平的懲罰，或者更糟——丟掉飯碗或因此被降職。

基於這個理由，我總是不希望讓做出壞決策的人嘗到苦果，前提是這些當事人有坦率的檢視錯誤，並從中學習。如果某人做了一系列的壞決策，那就是另一回事了。但是當眼前的問題十分複雜，無可避免的出現單一錯誤（即使這個錯誤很大）或偶發性錯誤時，我在事後通常感嘆道：「這就是人生啊！」接著專注於改善我們未來的決策。

這讓我想到促進無拘束討論的另一個重點：身邊如果有人樂意（甚至有時太樂意）提出既困難又具啟發性的問題、進而改善決策流程，這對所有人都大有幫助。

有成效的挑戰者，不會「為了難搞而難搞」。有些人喜歡詭辯，即使自己沒有充分的根據也會提問。如此輕浮的刻意唱反調，很難有什麼實質幫助。**但假如某人願意提出沒人認清或令人不安的問題，甚至微小但務實的可能性（他可能會說：「這件事發生的機率很低，但我們有將其列入考慮範圍中嗎？」），那就太難能可貴了。**

挑戰普遍的常識，並提出既複雜又具爭議性的問題——要不要這麼做，或許取決於你的思路。許多人都不會這樣做，他們可能有其他優點，並對決策很有貢獻，但他們就是不願意提出令人不安的問題、質疑領導者的看法，或提出可能會暴露自己知識落差的問題。

相反的，我發現最佳的挑戰者，似乎天生就適合這種角色。他們有些人的個性，有時可能有點難搞（如雅各布．戈德菲爾德，也就是我在高盛時那位偶爾不穿鞋子的同事，就是個天生的挑戰者）。但我總覺得，理性嚴謹的挑戰者，為討論和決策帶來的好處，遠遠超過可能產生的代價。

無論召集的群體多麼聰明或厲害，你都需要某個人，來測試你和你的思維。即使群體內部討論得相當熱烈、沒有唐突的達成共識，重點還是在於，要納入那些「跳脫討論範圍、看見別人看不見的可能性」的人。所以你不但得願意僱用這種人，還要主動找上他們，接著維持一個讓他們能安心做自己的環境。

挑戰者的構想不一定是好的，但我們也不應該反射性的駁斥他們的說法。**好的決策者不必贊同挑戰者的意見，但必須聽他們說話**。

最後（或許也是最重要的），決策者若想促進自由交換意見，就應該慎防寒蟬效應，這會限制其他人表達意見和構想的能力。

在這個脈絡下，我認為我們值得回顧一下格斯在一九七一年大發雷霆的事件。假如在稍微不同的公司、文化中，格斯的反應很可能就會對合夥人將來的討論造成寒蟬效應。

想像一下，假如理查可以在會議中暢所欲言，但他知道自己如果惹毛了格斯，他在公司內的順遂發展就會出現風險；或者，他覺得其他合夥人會對他人身攻擊，只因為他提出一個令人不自在的話題。這種寒蟬效應的影響雖然很難衡量，卻真實存在，有時也相當嚴重。

不妨思考一下，「不敢表達不受歡迎的想法」對期望值表格會有什麼影響。**在你判斷機率和結果的時候，假如某些考量沒有列入表格中，你做出最佳決策的機率就會降低，而且通常是大幅降低。**

我認為許多人在行事上，太常有這些盲點：忽略自己的行動是否讓大家不敢開放討論、不在乎自己的行動是否造成寒蟬效應，或者低估了寒蟬效應的潛在負面影響。

若人們不敢開放的交換意見，就會付出巨大的代價；反之，如果保護大家開放交換意見的自由，組織將會獲得巨大的利益。正因如此，我認為開放交換意見的保護措施，不只是對做決策有幫助而已，同時也是非常強效的指導原則，每位領導者都應該盡力遵守。

理論上來說，所有潛在的行動方針都應該被放在黃頁筆記上檢視。而實際上，除了最極端的情況，「打壓開放討論」或「扼殺大家的看法」也不應該被視為可行的選項。

在現實世界中應用這項強力的指導原則，通常十分困難，有時還很有爭議性。舉例來說，二〇〇六年，伊朗總統馬哈茂德·阿赫瑪迪內賈德（Mahmoud Ahmadinejad）造訪了紐約市。外交關係協會的傳統做法，通常會邀請來訪的外國領袖到紐約總部與會員交流一番，無論這些領袖對美國有多麼不友善。

但這次來訪可不一樣，眾所皆知，**阿赫瑪迪內賈德曾否認猶太人大屠殺的存在**，一間備受尊崇的重要機構竟邀請這樣的人來訪，激起了強烈的反對聲浪。經過諸多辯論後，協會領導階層決定依原定計畫接見對方。他們認為，對外交政策有興趣和影響力的參與者，可以藉由本次活動，以更好的角度了解（更重要的，還有質疑）對方的看法。

我個人沒有參與這次決策，但我認為，這麼做是正確的。協會對那次活動的形式做了一些改動，以反映演講者的本質與其看法。例如，協會邀請阿赫瑪迪內賈德演講，卻沒有邀請他跟會員一同餐敘，因為這樣感覺會太像交際應酬。依照原定計畫邀請他，當然是有代價的——協會等於提供了一個論壇給阿赫瑪迪內賈德，讓他可以對有影響力的紐約人，表達那些錯誤、有害、令人生厭的想法。可是到最後，協會的決策者認清了一件事：**只要維持「保護開放意見交流」的原則，就能產生強大的長期效益，而且遠超他們付出的代價。**

到目前為止，本章大部分都在談企業、政府、公共政策的討論有多麼重要，但我認為，同樣的概念也可以延伸至社會的所有要素——尤其是大學校園，我跟許多人都是在這些地方學到基本的處世之道，並最後學到該怎麼決策才能影響世界、改變世界（但願如此）。

保護自由表達，背後也有代價

校園應該要允許多少無拘束討論和開放表達精神？這個爭議可不是最近幾年才有的，一九五八年，當我還是哈佛大二生的時候，有一個白人至上主義者兼反猶太主義者，名叫大衛．王（David Wang），他受校方邀請來發表一些爭議性（至少我個人很反感）的言論。該次爭議的其中一方，是赫伯特．米爾斯坦（Herbert Milstein，哈佛自由聯盟〔Harvard Liberal Union〕會長）等人，他們主張：「自由社會應該允許自由討論。」另一方則是批評者，他們覺得王應該被禁止在校園發表看法，**該次演講甚至因為炸彈恐嚇而中斷。**

雖然這種爭議，從我學生時代起就已存在，但因為它越演越烈，到後來似乎不只是熱烈度提高了，而是連爭議類型都變了。「在大學內自由表達意見」的相關爭議，其面貌也已經改變，而且我認為，並不是往好的方向走去。

幾年前，我收到我孫女伊萊莎的電子郵件。當時她是哈佛大二生，年紀跟大衛．王受邀演講時的我一樣。

伊萊莎在信中跟我說，有個團體邀請一位白人至上主義者進入校園。《哈佛緋紅報》有篇社論，主張哈佛應該允許這位人士發表言論，然後讓聽眾自行決定是否同意他。伊萊莎並不同意這篇社論，於是她寫信與我討論此事。

「允許白人至上主義者在校園發表言論」這種看法其實有滿多人接受的（尤其在伊萊莎這個世代），而我並不意外。當我進大學就讀時，公民權利看似已在穩定進步（雖然速度還是太慢），今日的大學生卻活在完全不同的時代。極端主義者的意識形態（包括白人民族主義）聲勢不減反增。錯誤資訊、不實主張，以及危險的陰謀論，都可能會以空前的速度傳播（拜社群媒體所賜）。

我對此仍然抱持不同的看法。我回信給伊萊莎，表示我贊同那篇社論作者允許白人至上主義者發言的看法。我試著詳細說明赫伯特．米爾斯坦在數十年前提出的概念——自由社會應該允許自由表達。不只因為，我覺得聽眾有權利自行決定怎麼解讀白人至上主義者的看法；我也認為，他們聽過這些看法後，就有機會了解演講者為什麼會以這種方式思考，以及他背後的動機為何，這樣反而能讓聽眾有效反駁演講者的看法。況且，**社會只要能摸透令人髮指的意識形態，就能從其根源下手、削弱它的感染力。**

最後我告訴伊萊莎，假如我們沒有秉持憲法第一修正案的精神，或許下次就不再是白人至上主義者不能發言，而是你贊同的人被迫沉默。

過了一陣子後，我將這些事情告訴哈佛的名譽校長——德魯・福斯特。德魯一直都清楚的認為「保護自由表達」是一項重要的指導原則，所以我期待她會立刻同意我是對的，而伊萊莎是錯的。但出乎我意料的是，她表示這個議題遠比我想得更複雜。

「這還有一個問題，」她說道：「假如這位白人至上主義者在哈佛校園演講，他就等於被哈佛許可了。**雖然哈佛沒有真的贊同他的看法，但大家都會看到他在哈佛的講臺上提倡這些看法，於是這些看法就會受到不應得的尊敬。**」

我必須承認，直到德魯提出這個論點之前，我都沒有真正考慮過：從我學生時代到現在，「允許社會觀感不佳的人進入知名校園演講」的成本與效益，已經有某些方面的變化。或許最大的新興因素就是社群媒體，以及唾手可得的線上影片。如果今天，有人在哈佛發表了煽動性的言論，**他的目標受眾其實並不是可以跟他辯論的學生，而是在網路上收看這場演講的數百萬人**，而且他們也會把「哈佛願意允許他表達不同意見」和「哈佛贊同他的言論」搞混。

此處提及的這種複雜度，並沒有改變我的看法——對於無拘束討論的保護措施，是既強力又重要的原則。但在現實世界應用這種原則，還是會涉及主觀判斷，也就是決策流程中必須考慮的權衡取捨。德魯在評論伊萊莎的電子郵件時，就使用了（類似）黃頁筆記的方法，徹底思考可能的行動方針，衡量成本和效益，並試著減少成本、同時將效益最大化。

但是（我認為這非常重要）決策者謹慎思考這種議題時，也應該適度重視「保護自由表達」原則。他們應該考慮限制表達所造成的各種代價，限制不只是明確禁止特定類型的看法而已，還有讓人不敢分享意見與想法的寒蟬效應。無論這裡所討論的機構是大學、政府部會、投資銀行或其他任何地方，只要所有人都處在如履薄冰的環境中，就不可能有開放的意見交流。

我非常擔心的是，在許多情況下，這種寒蟬效應不只是理論上的問題，而是真實的問題。我猜跟幾十年前相比，甚至跟幾年前相比，許多人（包括所有年齡層、各種生涯階段、學術界、企業界、非營利組織等）都變得更加不敢分享看法，甚至討論議題，明明在不久以前，這樣做都還是可被接受的。

重點在於認清「保護自由表達是有代價的」，而且保護某些類型的言論、特定看法的表達，付出的代價只會更高。尤其當言論訴求消滅其他群體、無意間增加壓迫與痛苦的感受，或主動傳播仇恨時，代價會是最高的。

這一切都非常真實，而且就跟我們社會的許多負擔一樣，這些代價並不會平均分配——這也反映出過去與現在的嚴重不平等，我們必須大刀闊斧的處理它。在這些客觀環境下，有些人會覺得克服困難挑戰的最佳方式，或許就包括「讓人不敢開放交換意見」或「制止特定意見的表達」；而我對此並不意外。但即使保護無拘束討論的代價相當真實，我依然認為它帶來的利益將遠大於代價。

我在本章描述的言論，都沒有直接受到憲法約束或保護。但我認為憲法第一修正案，不僅是部有力的權利宣言，還反映出一套明智的原則：**到頭來，如果連最具攻擊性的言論都受到允許，那就等於保護所有人說出刺耳意見的權利**。如此一來，那些動機正當且品德高尚的人，就能透過意見交流改善他們的主張；而且對於各種不當言論的最佳處理方式，並不是否認、抑制或禁止，而是駁斥它們。

更廣義來說，正如我寫信給伊萊莎時提到的，對於言論接受度有明確界線的人，不一定會贊同你。他們說不定還會判定你的想法應該受到抑制。

最近，我們已見識不少這種行為的例子，它們都非常令人憂心。全美各地的偏激政客已經通過法案，要求政府開除那些對學生傳達特定概念（關於性別、身分、性傾向或種族）的老師，只因為這些立法者不贊同這些概念。同樣的一群立法者，也試圖禁止他們不喜歡的書籍出現在圖書館和學校課程。

這種舉措既有直接的影響，也帶來寒蟬效應，因為它讓教師無法確定，哪些概念或教材會讓他們成為政府審查的目標。

這對老師不公平，對學生也不公平。我們必須給年輕人機會，讓他們完全探索並了解我們的社會，這樣他們才能準備好以成人的身分，有效的找出自己的待人處世之道。

不受歡迎的想法，是領導者該緊抓的盟友

我們在美國看到的政府審查趨勢，在國際間也有越來越多人經歷。在民主制度艱困或不存在的政權中，批評政府的人會被騷擾、逮捕，有時甚至被謀殺。國營媒體或國家附屬媒體受到宣揚，而對國家不友善的媒體則受到經濟制裁，或被迫停業。**在某些情況下，公司和個人如果表達了國營公司不贊同的意見，或讓大家注意到一些違背官方立場的事實，國營公司就會拒絕跟他們做生意**。這種方式，是利用獨裁國家的全球經濟影響力，逼迫發言者接受他們的立場，並抑制全世界的自由言論，受害者並非僅限於這些國家境內。

為了阻止這種政治壓力（無論國內或國際），重點在於對指導原則（開放的意見交流應該受到歡迎與鼓勵）展現出堅定的承諾。只要清楚表達並維持他們對無拘束討論的承諾（即使這非常困難），各機構（包括大學）就能協助捍衛這個日漸受到威脅的原則。

當然，即使大學的行政人員決心保護自由表達、而非制止它，他們還是得做出艱難的主觀判斷，並且向自己提出那些困難的問題：他們該怎麼決定哪些學者和概念具有學術價值，因此大學應該歡迎他們？哪些又不是如此？相對於「不受歡迎但正當合理的表達」，怎麼樣才算是「對教職員、學生或行政人員的言語騷擾」而不該被接受？大學對於建立社團的態度應該是什麼？大學該怎麼履行其職責——培養學生與教職員智識與學術生活的環境？它又該怎麼建立，讓學生和教職員感受到「開放交換意見」是受歡迎且有效的，而不只是理論？

這些問題都沒有單一正確答案。但我認為，大學行政人員處理這些問題時，應該堅定的

維護「支持開放意見交流」一前提。他們的預設立場應該是：「這項討論是在幫助社會，而非傷害社會」。

有些人可能會指出，我個人因為無拘束討論而體驗到許多好處，卻很少體驗到它的壞處，而這反映出了我的特權地位。確實，我人生中有許多優勢，同時許多人因為別人的自由表達，而比我更深刻的感受到其代價。

然而，我認為今日的學生（無論他們的背景），不會因為我們剝奪他們接觸各種不同概念和看法的機會（包括那些令人不安、令理性之人厭惡的概念和看法）而過得比較好。我們應該盡自己所能，幫助學生應付大學生活帶來的額外壓力與複雜度。但不必犧牲大學所隱含的自由傳統——交換概念與看法，以求更加理解這個世界的所有層面。**我們的目標，應該是確保每個人都能藉由探究知識並獲得優勢，同時認識到這種探究也有其壞處，而有些人比其他人更容易受其不利影響。**

我認為，促進無拘束討論所帶來的長期利益，將超過它所帶來的代價。換句話說，假如現今的畢業生離開校園時，沒有養成智識傾向，以及在面對挑戰性決策時應付困難問題的技能，那麼學校就是在嚴重危害這些學生。這樣的失職所造成的後果，將會波及校園以外的人，**因為許多未來的領導者，面對出社會後的挑戰與決策時的態度，都是在大學發展出來的**。假如領導者缺乏評估主張的能力，而且不善於處理令人不安的問題和意見，我覺得，整個社會將會因此變得更糟糕。

反之亦然：當領導者善於處理令人不安的意見，就更可能有效應付他們面對的挑戰。我記得柯林頓執政期間有一次會議，我們全都坐在內閣會議室，那次討論的主題應該是對外援助，但我記不得許多細節。我只記得柯林頓總統想用某種方法做事，而我和其他一些人想用另一種。

這次討論中雖然沒有人身攻擊或不尊重的發言，但是大家吵得很激烈。柯林頓總統做出決策後，所有人開始離開會議室，有一位比較資淺的官員，驚訝的回頭跟我說：「他是總統耶！你們怎麼可以這樣跟他講話？」

「我們只是把我們的想法告訴他，」我回答：「這就是他想要的。這就是我們的營運方式。」我這輩子何其有幸，共事過的許多群體和組織，都是用這種方式營運。而我希望，未來世代的決策者們也能同樣幸運。

第 8 章

任何協商，只要妥協有益，我就妥協

互相讓步並不是尋找共同點，而是在缺乏共同點時一同向前邁進。在民主制度中，人們難免會有意見不合的時候，但這些分歧都必須用真正的事實和分析來化解。

「有些事情不能做，」我告訴柯林頓總統：「比方說，我們不能同意減少資本利得稅。」

我身處橢圓形辦公室，身邊還有幾位總統顧問。好幾個月以來，我們都在討論一九九七年的預算該怎麼編，這也是柯林頓連任後第一次編列預算。當時，共和黨控制了參議院和眾議院，因此我們知道，**我們不可能通過只有自己想推的法案。如果我們想達成有意義的共識，就必須做出讓步。**

與此同時，我們堅決認為有些政策不該被列入考慮（就算我們擴大協商空間也一樣），而其中一項政策就是資本利得稅。在數十年的市場與投資經驗中，我一直認為，藉由減少資本利得稅（該稅收來自銷售股票或類似資產後的所得，不同於來自薪資的稅收）增加儲蓄和投資，效果其實很有限（或許幾乎沒效果），甚至會減少聯邦政府的收入。一旦收入減少，赤字就會跟著增加，要不然就必須藉由減少支出或增加其他稅賦來彌補。

不只有我抱持這樣的意見。柯林頓總統的經濟顧問們，也認為根本不該考慮減少資本利得稅，總統自己也認為如此。他做好準備後，打電話給特倫特．洛特（Trent Lott）——參議院多數黨領袖、共和黨首席預算談判專家。

頭幾分鐘，事情似乎談得很順利，總統與參議員對他們的優先事項交換了看法。突然間，柯林頓總統用手遮住了話筒說：「他想要減少資本利得稅。」

「喔，這件事我們不能做。」我回答。

柯林頓總統點點頭，然後繼續講電話。

他跟洛特參議員討論一陣子之後，說道：「是，特倫特，我明白了。我們會減稅。」

或許對某些人來說，這種故事正好說明了華府有**多麼沒原則**。我覺得減少資本利得稅是個壞主意，總統的其他顧問也覺得如此，就連總統自己都覺得不該這麼做——不過，為了通過計畫中的預算，我們還是屈服於對方的要求，決定減稅。

但我在橢圓形辦公室內看到的事，應該不會降低任何人對我們政治流程的信心。我認為我看到的事，正好是讓民主制度得以運作的例子之一：**致力於有效的治理方式、與看法不同的人協商，並願意互相忍讓**。更廣義一點來說，假如我們的政治體系無法運作，那麼政府、社會，都無法成長茁壯；而假如我們的領導者，找不到即使在意見不合時，也能同心協力、向前邁進的方法，那麼我們的政治體系就無法運作。

從來就沒有直截了當或完美的政治與治理方法，參與其中的人也是如此。但在最近幾十年，有件重要的事情似乎有所改變，也讓我浮現一個疑問——在六十歲之前，我很少問過這個問題。

在為時已晚之前，我們該怎麼恢復政治流程的功能？

妥協，才能造就同心協力的政府

一九九七年的預算共識，就是功能性政治流程發揮作用的例子。我認為柯林頓總統確保的利益（包括成立兒童醫療保險計畫；對香菸課新稅以增加收入，同時勸阻吸菸；為食品券計畫追加十五億美元的預算；恢復數十萬非法移民的殘障與健康福利，以及大幅減少赤字），遠勝過同意洛特的要求（減少資本利得稅）所帶來的傷害。

然而最近幾十年來，已經很少看到這種景象：兩位意見對立的領導者互相忍讓，接受一些自己不喜歡的措施，最後在實質上與政治上皆獲得整體共識。在大多數情況下，橫跨各種意識形態與黨派光譜的民選官員，似乎沒辦法，也不願意同心協力應付重大的國家挑戰。

這讓整個國家陷入風險之中。美國的經濟優勢，讓我們能長期處於成功地位。但為了實現我們的潛力、以求強勁且持續的成長與普遍的經濟福利，我們必須面對隨之而來的重大政策挑戰，也因此，必須恢復政治體系的成效。

較年輕的讀者，可能很難想像以政治體系培養有效的政府，但美國的政治體系並不是一直都像現在這樣。華特・孟岱爾（Walter Mondale）在一九六〇～一九七〇年代當了十二年的參議員，後來成為吉米・卡特（Jimmy Carter）的副總統，他有一次告訴我，當他在國會任職的時候，大家總是吵得不可開交。

「差別在於，大多數參議員基本上都忠於治理的概念。所以到頭來我們會攜手合作，以找出共識。不是每個議題都能談，也不是每個人都願意合作，總有一些事情永遠談不攏。但我們通常都能取得共識，現今的議會已經失去了這種精神。」他說道。

換句話說，在五、六十年前，對立政黨的政治人物彼此意見嚴重不合，如同今天一樣。他們尋求連任、打敗反對黨的成員，這也跟現在一樣。但他們能夠同心協力，更頻繁的達成重要的法律目標。

一九八〇年代，那時美國的政治體系還是正常運作的。共和黨總統隆納・雷根（Ronald

Reagan）和民主黨眾議院議長提普・奧尼爾（Tip O'Neill），共同的著名成就，便是能在各項議題（從預算到移民）上達成共識以增進國家利益，儘管他們的政策看法天差地遠。

一九九三年，我來到華府，擔任柯林頓總統的國家經濟委員會主席，並準備編列我們上任後第一次預算。當時我以為，我也可以像雷根和奧尼爾一樣，尋求某種程度的跨黨派合作。在我的想像中，我們可以發展看法、共和黨員也可以發展他們的看法，最終一起找到最好的辦法。

但我們碰壁了。

沒有任何共和黨員投票支持我們一九九三年的預算，眾議院和參議院都以些微差距險勝通過。我在擔任這屆政府的官員之前，已經從事政治很長一段時間了。在來到華府的時候，我心想，大家應該會願意攜手合作，做出他們認為對國家好的事情。結果現實與我的預期截然不同。

回想起來，可能是因為我在華府任職時，許多政治領袖剛好都出現了根本性的轉變，他們不再致力於有效的政府。共和黨空前，且齊聲反對的，不只有我們的預算，我們的醫療保健改革計畫也一樣——儘管在初期，雙方已有承諾攜手合作。

一九九五年，紐特・金瑞契（Newt Gingrich）成為眾議院議長之後，政治角力的程度又提高了。金瑞契與他的部下企圖逼迫柯林頓總統同意他們的預算提案，而這些提案可能會讓我們的國債無法履行。最終，我們透過財政部出了奇招，才阻撓了此項計畫，但這也代表將兩黨之間的敵意提升到危險的地步。金瑞契的下一步，就是在同一年內讓政府空轉。

儘管敵意越來越濃厚，嚴重意見不合的領袖們，在柯林頓執政時還是願意超越黨派合作——只要他們認為這些領域符合他們的政治目的或政策目標。於是我們獲得了許多成果：通過了北美自由貿易協定[1]（NAFTA）；禁止了攻擊性武器；平衡了預算；大幅增加勞動所得稅扣抵幅度，並且擴大啟蒙計畫[2]（Head Start）；批准成立世界貿易組織；大幅增加其他許多領域的公共投資，同時減少赤字，**終於達成三十年來，美國政府首次預算平衡**。

此外我們還達成了許多事情，雖然還有許多事沒做到，且氣氛越來越壁壘分明、容易挑起爭端，但華府還是能藉由互相讓步來暫時化解分歧，以推展許多領域的進步。

近年來，雖然也有一些跨黨派的成就，像二〇二一年的《基礎建設法》（*Infrastructure Law*），以及二〇二二年的《技術競爭力法案》（*Technological Competitiveness Bill*），但這種以跨黨派為基礎發揮作用的能力，如今似乎已大幅降低。假如我們的政府一直無法認清，並促進共同利益，就會產生惡性循環。

我還記得羅恩．克萊恩（**Ron Klain**，副總統高爾的幕僚長，後來成為拜登總統的幕僚長）跟我說過，我們大概五年前就已進入惡性循環。他說，無效的政府導致許多人經濟條件變差，進而削弱民眾對於民主治理的信心，同時使他們越發支持民族主義和民粹主義，而不是明智的政策。這樣又會讓政府更加無效、經濟條件更差，如此持續下去，成為越來越糟的回饋循環。

美國今日所面臨的其中一項基本挑戰，就是打破這個惡性循環。我們必須重建政府，**令它有效到能應付我們眼前的挑戰，即使我們在關鍵議題上仍有嚴重的意見分歧。**

同心協力的另一種樣貌：拋棄短利、追求長遠利益

我從政將近五十年，對於恢復有效的政治流程有多麼困難，可說是了然於胸。造成這種難度的原因之一，就是政府內部的議題真的很複雜。有一次我跟政治策略家兼政論名嘴保羅．貝加拉（Paul Begala）對談，我說為了我國的未來，有效的政府是絕對必要的。但他回答：「**有效的政府是要追求什麼？**」

他舉出了一個重點。雖然私人部門的辯論通常也很複雜，但它們的問題通常都跟方法有關，而不是與目的有關。策略可能會有好幾個方面，但其主要目標相對來說都很直截了當：隨著時間增加利潤。另一方面，定義政府的目標就困難多了。不同的選區、政策思想家、地區和個人領袖，都有自己的看法和利益，而且若從他們的角度來看，一切似乎都很合理。

在此處，雖然我確實有些想法，但我的目的並不是要回答「怎麼恢復我們政策流程的功能性」。而是希望替大家建立一個整體概念，讓人們知道，我們的體系為什麼有效，和怎麼會無效。因此，我會描述我看到的問題，並且分辨出有效政府的廣義必備要素。

為了這個目的，我主張我們的政治體系需要三個條件才能成功：**願意做出艱難的政治決**

1 編按：美國、加拿大及墨西哥在一九九二年簽署的三國全面貿易協議。
2 編按：該計畫旨在為低收入兒童和家庭提供全面幼兒教育、健康、營養與家長參與等服務。

策；根據事實以及理性正直態度下的分析決策，同時認清，這一定會牽涉到政治；抱持原則與對方妥協，並互相讓步。

沒有從事過政治與治理工作的人，通常都以為達成這些要求相當簡單，實則不然。比方說，當談到民選官員時，經常會聽到大家說（至少在企業界和市場是如此，我大半輩子都在那裡度過），官員的動機全都是政治，而不是為了國家好。言外之意就是，政治人物做決策時應該要不顧任何政治後果，如果某個官員沒有這麼做，人們便會對他失望，或許還會被嫌棄膽小。

可是這種態度，就像呼籲所有生意人都貪婪的賺錢一樣，並沒有比較正確。政治人物就像所有人一樣，都有好幾個動機。他們想要促進共同利益，無論他們所定義的共同利益是什麼。他們也想要促進自己的個人利益，以政治來說，就是當選和連任。許多政治人物可能認為，這兩個目標大致上是一致的（為了有機會制定好政策，必須先勝選），就像許多生意人可能會認為，追求他們生意的成功，也是在促進經濟的成功。

勞合・班森（Lloyd Bentsen）是柯林頓執政時，我前一任的財政部長。他有次在橢圓形辦公室跟我說：「好的政策就是好的政治。」柯林頓總統也曾經講過類似的話：「政治必須跟政策一樣好，否則政策永遠不會實現。」

但在某些關鍵因素上，「好政策的政治」非常具有挑戰性，無論訊息與策略設計得有多好。想改善政治體系，我們必須先了解並處理這個兩難：**政治人物應該怎麼處理政治上艱難的決策，以應付我們最困難的政策挑戰？**

這並不好回答，你必須認清（而不是忽視）民選官員可能面臨的衝突。你如果請求政治人物「把政治放一邊」、忽視他們的私利，就永遠不會得到想要的結果。畢竟，一位重量級參議員，在談到生意人批評政治人物太政治化時，曾對我說過：「政治人物的工作就是想辦法連任。」

某些領域的好政策和好政治就經常產生分歧，這點瑪格麗特．柴契爾[3]（Margaret Thatcher）心裡應該十分清楚。有人曾問她，為什麼民主大國的領袖都無法充分控制政府養老金的長期成本，她回答道：「他們都非常清楚危機即將到來，但他們的態度是：這又不會發生在我的任期內。所以我何必受苦，只為了讓別人受益？」

政策制定者可能（通常也應該）採取步驟減少短期成本，這樣他們的提案在政治上才比較可行。但他們無法逃避這個事實：**柴契爾所描述的「短期受苦、長期受益」組合，定義了我們國家和世界所面臨的最嚴峻挑戰**。

比方說，為了拯救地球、讓其免於在接下來數十年受到災難性的傷害，我們必須採取積極的行動以對抗氣候變遷。但民眾很快就會感受到能源相關部門的工作機會減少，以及能源成本上升。儘管某些人宣稱，因為清潔能源與其他領域的活動增加，短期內對工作機會的淨效應會是正的；但即使如此，某種程度上我講的仍然是真的。

3 編按：曾於一九七九～一九九〇年任英國首相，在臺灣多被稱為柴契爾夫人，外號「鐵娘子」。

柴契爾的陳述反過來也是正確的：政治人物通常都太樂意做出短視近利，但長期下來要付出代價的決策。比方說，與其遵守財政紀律原則，在不設法支應成本的情況下，花錢或減稅真的簡單多了。這樣雖然會立刻為選民帶來成效，卻讓未來的官員必須應付負債增加的後果。各州的領袖們總會花光應急基金，只為了替州雇員增加退休金和福利，因為他們知道，**帳單要在繼任者的任期內才會到期**。

選民對政治越不信任，政治人物就越難以長期目的為優先考量。因為，當民選官員犧牲短期以實現長期利益時，選民就會以為自己要承擔代價，而其他人卻可以收割利益。在許多情況下，這並不是事實——但大家都以為這是事實，使得政治人物更不敢冒著短期受苦的風險、以求長期利益。

少繳稅和償還國債，民眾對哪個更有感？

然而，如果國家想要長期成功，「無法處理氣候變遷」以及「將支出與稅收設定在無法維持的水準」，都是不能接受的選項。這也是為什麼，領導者應該要擁有一項重要的技能（而且我們的政治體系應該要獎勵這種技能），那就是「**讓民眾對政治上艱難的決策帶來的利益，產生共鳴**」。「政治人物」這個稱謂經常被當成負面的，但事實上，這是一套技能，且對我們的體系運作相當必要。

一九九八年，我見證了這種技能奏效的實例：柯林頓總統的經濟團隊，正在試著弄清楚該怎麼花掉意外的預算盈餘——這可是三十年來頭一遭。共和黨想把這筆錢花在減稅上，而我們想用它償還國債。我們很有信心，認為我們的計畫在長期下會對國家更有益。

但總統告訴我們，他無法跟美國民眾解釋，為什麼償債會比減稅優先。償債牽涉到既複雜又沒什麼人懂的長期利益，像是降低利率、降低金融市場破壞風險、增加企業信心、增加長期公共投資可用資源，以及增強市場復原能力，以應付將來金融或地緣政治上的緊急情況。至於減稅就好懂多了，就是可以少繳一些稅。

後來，白宮當時的立法主任約翰・希利（John Hilley）想到一個妙計：「優先拯救社會安全」。柯林頓總統不談減少赤字，而是將他減少赤字的規畫包裝成另一項計畫的保護措施，而且這項計畫美國民眾既理解又支持。

這種連結有點牽強，但我認為它在政策上站得住腳，因此理性方面並沒有不誠實。而且藉由「優先拯救社會安全」減少赤字，來訴求國會議員的短期政治利益（政府需要他們立法來達成想要的成果），進而幫助總統為了國家的長期利益而做出正確決策。**把政治處理好，就可能實現好的政策**。

可惜的是，我覺得近年來有些善意的改革，反而讓人更難擬定有效的政治策略。減少政治分肥[4]支出的措施就是其中一個例子。二十世紀的大部分時間，以及二十一世紀的頭幾年，政府經常會提供能創造就業機會的基礎建設計畫（道路、橋梁等，諸如此類），給立法者所在的行政區或州，以換取他們支持全面立法。

這些地方特殊專款有時會被立法者濫用，尤其是提撥太多及祕密提撥的時候。但在其他許多場合，為了讓「政治人物的地方和個人目標」與「國家利益下的更大目標」一致，這些錢可說是小小的代價。這些法案的整體利益，應能輕易勝過相對輕微的專款資源分配不當。比方說，一項法案很可能有助於總體經濟，而政黨領袖可能會允諾一項地方計畫，藉此說服一位國會議員支持這項法案。

但在二〇一〇年，提倡「好政府」和「小政府」的社運人士，聯手廢除了特殊專款。**理論上，這項改革是為了改善政府的成效；但實際上，廢除特殊專款可能會大幅削弱政治體系應付重大挑戰的能力，且沒有任何相應的重大收穫。**這個例子說明了一件事：將「純潔無瑕」的概念優先於「實用主義」，反而對好政府是不利的（二〇二一年，特殊專款恢復了，而且還附帶防止濫用的措施，我認為這是正確的決策）。

另一個「改革改過頭，反而破壞我們意欲保護的政治體系」例子，就是透明度。某種程度的透明度是好事：如果允許政府祕密運作，將會嚴重破壞公共問責和公共監督的機制。但與此同時，當談判或商議必須在鏡頭或媒體面前舉行時（而不是關起門來談），這些場合就會淪為**賺取政治分數，而非達成共識的機會**，這也使雙方無法坦誠交換看法與談判立場。

不妨思考一段發生於一九九五年的對話——墨西哥主權債務危機期間，我與墨西哥財政部長季耶爾默·奧迪斯（Guillermo Ortiz）會面。美國政府與國際貨幣基金攜手安排的援助，並沒有發揮預期作用，因此我們非常擔心，季耶爾默也為此搭機前來華盛頓。那時我先開了口：「該做的事都做了，卻沒有得到效果，我們認為該停止金援了。」

然而到最後，這次會面（加上前文提及，我們跟白宮幕僚長里昂·潘內達的討論）讓我們堅信應該要繼續這項計畫。假如勞倫斯、我、季耶爾默與里昂的對話被公開的話，我們將很可能無法交換意見、徹底思考這個議題，然後基於我們得知的事做出明智的決策。美國（更別說墨西哥）的情況可能會更糟。

好政治近年來與好政策漸行漸遠，還有另一個理由，就是我們的競選財務體系崩潰了——這件事經常被討論。我替民主黨候選人，以及我支持的各種構想募款了數十年，而且認為這種活動非常有建設性。然而，我們的競選財務體系在許多重要層面上，都有嚴重的反效果。**大量的募款要求，以及民選官員為募款所花費的時間，不但讓許多好人才不敢競選，真的當選的人也得花上大把時間跑選舉行程，結果沒時間治理國家。**這一切都因為競選的開銷變大，而更加惡化。

最後，許多募款（尤其是企業層級）都受狹隘的私人利益驅使。二〇一〇年，最高法院對於「聯合公民」（Citizens United）的判決[5]可說極為不幸，它允許個人與企業可以無限制的捐款以達成政治目的，這等於替有錢的捐款者創造機會，讓他們得以對領導者行使空前的

4 編按：又稱為政治分贓、肉桶政治等，原指議員在法案、政策中，加上對自己支持者或親信有利的附加條款，從而使他們受益的做法。在此處，指政府或政黨領袖以地方特殊專款，換取特定地區議員支持自身政策或法案。

5 編按：聯合公民是美國的保守派非營利組織，其原先計畫於在二〇〇八年美國總統選舉前夕，上映一部批評總統候選人希拉蕊·柯林頓的電影。然而，哥倫比亞特區法院根據「企業或團體不得於初選前三十天或大選前六十天，資助與競選相關、或抵毀候選人的言論」規定，判處聯合公民敗訴。該案最終上訴至最高法院，並判決相關規定中對資助的限制並不合法，也不適用於本案中的競選電影。

影響力。

或許終有一天，我們會找到方法來糾正這個情況，例如透過足夠吸引人的公共基金，誘使候選人放棄或大幅限制募款。但必須說，最高法院的判決可能會大幅影響社會重大議題，其作風讓許多人覺得它在搞社運或政治化。聯合公民並非近期唯一的例子。我們對這些事應該有什麼想法，以及政治體系對這件事應該有什麼反應，都將會是未來的重大議題。

政治決策在過去數十年來變得更困難的另一個原因，就是「初選政治[6]」（primary election，相對於「普選政治」〔general election〕）變得越來越重要。鮑勃・克里[7]（Bob Kerrey）不久前跟我說過，他在參議員任內遇過十幾位可以合作的溫和共和黨參議員，但他們現在再也無法贏得黨內初選。我認為民主黨也有類似的情形，只是沒那麼嚴重。

我並不是在抱怨初選這個制度。如果那些政治立場偏左或偏右的人，想讓看法偏中間的立法者下臺，他們應該要有機會提供充分的理由；反之，溫和派如果想讓該黨左翼或右翼的立法者下臺，也是一樣的道理。但我擔心的是，黨內初選的選民多半是極端分子（與普選的選民相比），而且許多初選都會將無黨籍人士及反對黨黨員排除在外。因此，政治人物為了贏得初選（尤其現在的初選，每個政黨的極端分子無論在組織或經濟條件，都比數十年來得好），很可能就會**依附那些極端分子的目標，而比較不可能跨越政治與政策的分歧，以獲得更廣泛的支持**。

政治流程的結構性改革，可以協助調整政治人物的動機，如此一來，官員只要致力於有效的治理，就更可能當選或連任。但改革再怎麼全面，都無法改變一個現實：**若要讓政府更**

充分有效，政治人物至少在某些場合，必須願意做出不受歡迎的決策。

「我寧可吵政策一整天，也不希望被批評預算不誠實」

我在政府任職時，民選官員常會做出許多政治上艱難的決策：他們為了達成更廣泛的政策目標，而刻意承受隨之而來的風險。例如北美自由貿易協定就非常不受民主黨陣營歡迎，但許多黨員還是投票讓它通過（他們知道它並不完美、必須調整），因為他們公正的認為，這會對我們的整體經濟福祉做出貢獻。

同樣的，我們在一九九三年通過的預算中，為了減少赤字而稍微調漲了燃料稅、並稍微縮減了受歡迎的計畫經費，許多民主黨國會議員都認為這兩項舉措是政治上的麻煩。但從整體來看，這些做法可說是為預算相關措施鋪好了路，讓經濟強勁的成長了好幾年，數百萬美國人因此脫貧，而且所有收入水平的人皆有享受到其帶來的利益。

比起我在政府任職的時期，**現今的政治人物似乎更不願意承擔政治風險。有些人越來越不情願做出政治上不受歡迎的決策**，原因可能包括我前文強調過的政治結構變化——特殊專

---

6 編按：在美國，議員必須經過黨內初選後，才能獲得該黨候選人資格（初選），而非推出數個候選人後，由民眾直接選舉（普選）。

7 編按：內布拉斯加州（Nebraska）民主黨黨員，一九八八年當選為該州參議員，並連任一次。

款廢除已久、許多政治捐款限制被取消、初選政治的重要性增加，諸如此類。

媒體的本質和結構變化，也是政治功能失調的主因之一。主流媒體儘管有諸多缺失，但在大多數情況都致力於理性正直，並且對公共政策提供既理性又可靠的報導，以及深思熟慮的意見，不過它們的影響力已經不復以往。與此同時，有線電視與社群媒體成為強大的力量，它們挑起黨派對立、散播錯誤資訊，並且讓政治人物能直接跟自己的選民交流，躲過那些問責的記者。

但撇開這些因素，政治的特色和文化也很重要。根據我的經驗，政治就像其他領域一樣：領導者設定基本調性和大方向，但趨勢會產生雪球效應，然後變得難以控制。當某人以設想周到的政見競選，卻敗給迎合極端分子的候選人時，就會加速這種惡性循環，影響未來的候選人與民選官員的言行。

過去四十年來，我已經看過許多壞行為招致更壞的行為。如果美國想在二十一世紀成功，這種趨勢就必須反轉。我們社會所有領域的領導者，都應該認清一件事：無論他們的看法是什麼，無論他們彼此有多麼不同，除非我們願意做必要的事情，讓政治體系運作，否則我們就不會成功。

當然，「我們的政治體系必須改善，才能增進共同利益」這個概念中深植了既深層又困難的問題。「共同利益」是誰定義的？誰來判斷什麼是壞政策、什麼是好政策？雖然我對美國某些議題上該採取的方向，抱持很強硬的看法（此外還有其他沒那麼確定的看法），但我承認所有議題都很複雜，而且不同於我的看法，可能對另一方來說也是合理的，因此應該認真考慮。若是進一步延伸，深思熟慮且立義良善，但是跟我意見不合的人，也將會堅守自己的立場，如同我堅守自己的立場一樣。

因此，**如果我說我的意見是客觀正確、不容爭辯的，那就既不理性也沒有幫助了。反之，政治辯論如果是基於事實和分析，並且理性正直，那就好了不只一點**——甚至可以說，這樣是必要的。

不過，我們經常沒有使用這種態度處理議題。我還記得我在一九九〇年代跟歐林．海契（Orrin Hatch）的對話，他是猶他州共和黨黨員，當了四十二年參議員。歐林是非常盡忠職守的公僕，也是非常正派的人。彼時我們在討論資本利得稅，也就是一九九七年柯林頓總統和特倫特．洛特在橢圓形辦公室討論的議題。歐林堅持，減稅可以促進更大的經濟成長。

「我不認為有證據能支持這個看法。」我回答。接著我說，除了少數異類之外，所有研究都顯示，降低資本利得稅率，對於儲蓄或投資的效果都很小，這也代表政府的收入會隨著時間減少，卻沒有產生真正的公共利益作為回報。

接下來發生的事令我相當驚訝。我本期待歐林會提出自己的分析來反駁我，然後可能還會引述一些研究或經濟學家，來支持他的看法。但他完全不想基於證據來討論。我忘了他用的字眼，但大概是這個意思：「**反正減少資本利得稅，經濟就會成長啦。相信我。**」

其他政治人物或許會宣稱自己忠於事實，但實際上太常堅持自己的主張，並缺少「事實與其看法相符」的證據。也就是說，他們的看法並沒有基於事實。以一九九三年的預算協議為例。到了一九九八、一九九九年，大多數經濟學家的普遍看法認為，柯林頓總統的政策，為創造絕佳的經濟條件，扮演了非常重要的角色。但我記得，比爾・阿切爾[8]（Bill Archer）拒絕承認這件事。他反而主張，假如我們走不同的路線、不要增稅，經濟條件將會更好。

我個人滿喜歡阿切爾議員的。然而，我也絕對無法證明，他對政策的看法是錯的，因為雖然他說的話違反事實，我也永遠找不到確定的證據反駁他。阿切爾議員對於稅賦有大致上的看法，因此批評了一九九三年的赤字削減計畫，但不妨想像一下，假如他採取不同的態度，會怎麼樣？假如他看出計畫背後的道理，然後參考獨立且無黨派的經濟學家，認真評估真正發生的事，他或許會得到基於事實和分析的結論，讓他在思考將來的政策決策時，能有更全面的資訊。

我並不是認為這麼做之後，阿切爾將會和我達成共識。在民主制度中，人們難免會有意見不合的時候。**但這些分歧都必須用真正的事實和分析來化解**，相衝突的意識形態、毫無根據的意見都是無濟於事的。

理性正直對政治與政策制定來說至關重要。一九九二年，選舉結束後沒多久，柯林頓總統的團隊來到小石城（Little Rock），而里昂・潘內達（彼時新上任的行政管理和預算局局長），正在仔細審查我們準備的預算數字。我記得很清楚，柯林頓跟里昂說：「你知道嗎？我願意跟大家吵政策吵一整天。但我不希望有任何人批評我的預算數字不誠實。」他知道，雖然大決策總會伴隨激烈的辯論，但這些辯論都必須以事實為根據。

柯林頓總統在兩任任期內，總是委託無黨派的國會預算辦公室評估他的議程，其中一個原因，就是他忠於理性正直的態度。有時我們很滿意國會預算辦公室對政策提案預期成本和效益的評估，但有時也不喜歡他們的推論，甚至認為他們是錯的。但無論我們自己的意見是什麼，我們都接受他們的結論，並且以此為基礎來運作，因為他們是無黨派、廣為大家接受的權威人士。

並非每件事情，都得爭到至死方休

黨派對立永遠都是政治的一部分，但只要堅守理性誠實的流程，黨派之間就更能夠攜手合作。已故的馬丁・費爾德斯坦（Martin Feldstein，雷根總統麾下的經濟顧問委員會主席）曾跟我說，他認為像他這種保守派，假如跟一位同樣忠於互相讓步精神的自由派經濟學家，坐下來好好談，他們就可以在大多數國家議題上取得共識。這種說法是有點誇張，但馬丁的重點是，**假如政治人物更願意基於證據來發展看法（而不是先預設立場，再用證據支持這些立場），我們的體系就能更正常的運作。**我認為他這個看法是正確的。

我在生涯中遇過許多保守派人士，他們跟馬丁一樣，都是忠於也尊重理性正直的人。艾倫・葛林斯班是一位共和黨黨員，我跟他在某些議題上意見不合，但他從不採用不真實的數字。美國企業研究院[9]（American Enterprise Institute）的前院長亞瑟・布魯克斯（Arthur

8 編按：德州共和黨黨員，時任眾議院歲入委員會主席。

Brooks）也是如此。事實上，亞瑟幾年前還找上了漢密爾頓計畫，以討論這個主題。

他說道：「你們這個智庫的成員主要是民主黨黨員，而我們是保守派的智庫。但我們都同意，不偏不倚的事實非常重要。假如我們不夠正直，民主制度又怎麼能生存？所以，咱們一起辦一場活動吧。」接著在二〇一七年三月（唐納・川普總統就職六週後），我們真的舉辦了一場論壇。

可惜的是，今天的政治人物似乎已不像亞瑟和艾倫這樣忠於理性嚴謹。我認為這有一部分原因，是媒體改變了。當我在政府任職時，經常批評記者，而我認為其中部分批評是有正當理由的。但無論他們犯了什麼錯，三位晚間新聞的主播、週日的晨間節目，以及著名的紙本媒體，全都期許政治人物忠於事實——同時對輿論有巨大的影響力。參議員丹尼爾・派翠克・莫尼漢說過一句名言：「**每個人都有權利發表自己的意見，但他們不能捏造自己的事實**。」新聞業大致上就反映了莫尼漢的觀點。

另一方面，現在每個人似乎都有權利捏造自己的事實——或者無論有沒有權利，先捏造再說。假如你不認同《紐約時報》、《華爾街日報》（*The Wall Street Journal*）和線上新聞攤在你眼前的現實，就可以在有線電視或社群媒體找到另一個「現實」，它會表現出你認同的世界觀。備受信任，且值得信任的媒體權威因此大幅減少，也就沒人要求那些誤導和欺騙民眾的人負責。基於這個原因，現**在那些篡改或扭曲事實分析的人所承擔的政治後果，遠比二、三十年前還要輕微**。

我想，在目前的政治環境下，無視事實和分析一定特別誘人。你可以輕鬆說出這種話：

「假如他們為他們那一方捏造出反常的事實，我們也可以如法炮製。」但這是一條通往地獄的路。如果你認為領導者應該做出明智的決策（而且如果你認為政府可以，也應該正向的改變人民的生活），那麼我們的政治辯論就必須理性正直。

這又讓我們想到民主制度的另一個基本現實。即使我們又重新堅守對事實和分析的正直程度，但由於對事實的解讀不同、分析不同、判斷不同、價值選擇不同、政治理念不同，民選官員通常還是會有不同的看法。這也就是為什麼，歷史上幾乎所有重大的立法，都需要大家願意妥協才能推動。

華特・孟岱爾告訴我，在一九六〇年代和一九七〇年代，大家即使吵得不可開交，還是會一起通過法條，這就是願意妥協。但也必須認清一個重點：孟岱爾副總統所說的，並不只是政治人物在尋找共同點而已。理論上，共同點的協商非常單純。想像一下兩位政治人物，一位是民主黨、另一位是共和黨。他們比較了自己對各種議題的立場，找出幾個有共識的議題，然後針對這些有限的共識採取行動，並忽略其他所有的事，這就是共同點協商。一方面，雙方都沒有被迫做出他們不允許的事情；但另一方面，許多事情就這樣放著沒處理。

孟岱爾說的這種妥協，是真正的互相讓步。雙方都各退一步（做自己不認同、甚至覺得反效果的事），以達到更廣泛的共識，雙方都覺得整體來說是有益的，無論在實質上還是

9　編按：保守派的獨立非營利性政策機構。

政治上。**互相讓步並不是尋找共同點，而是在缺乏共同點時一同向前邁進**。這就是一九九七年，我在橢圓形辦公室見證到的事情。

一個人願意妥協，不代表他欠缺堅定的看法。比方說，我非常相信財政紀律，而這個原則引導了我的看法和決策。但身為政策制定者，我也願意支持那些我認為財政紀律不夠嚴謹的提案，只要我覺得利益值得這個成本。

「忠於自己的原則，同時願意妥協」這種能力，曾經被我用來跟勞倫斯・薩默斯討論事情，那時我們都在財政部任職。有時在緊張的談判期間，我們會發現，雖然我們對一項議題或政策的推論並沒有改變，但我們必須讓步才能達成更遠大的目的，或者因為我們別無選擇，而且對立是無濟於事的。

比方說，一九九〇年代末期，有群立法者開始提倡一些措施，他們宣稱這樣能讓國稅局更加便民，但我們認為，這樣實際上會削弱國稅局徵稅的成效。到了某個時間點，儘管我們很擔心，但支持改革的風向已經擋不住了。在這樣的時刻中，我通常會重複一句話：「勞倫斯，並非每件事情都像阿拉莫戰役[10]。」

領導者如果要有成效、政治體系如果要正常運作，雙方必定要有按照原則行事的空間，**雙方盡全力拚到你死我活的情況，必定只能是極少數例外，而不是常態**。可惜的是，與我在政府任職時相比，最近數十年來我們的政治體系似乎都沒能力產生這種妥協。以前雙方談判的時候，原則有助於雙方互相讓步，但現在雙方都認為自己的原則是不可侵犯的，而這也會對我們的國家造成災難性的後果。

不妨思考一下減稅。支持小政府的保守派人士，以及那些認為「減稅是最強的促進經濟成長方法」的人，長期以來都支持減稅。但從一九八〇年中期開始，更多共和黨立法者贊同「納稅人保護承諾」（Taxpayer Protection Pledge），而且到了一九九〇～二〇〇〇年代，這個趨勢越演越烈。**只要簽了這個承諾書，政治候選人和民選官員，未來在任何情況下都不能提高所得稅或企業稅**。到了二〇一一年，眾議院已有超過兩百三十八位議員簽署了此份承諾（只有六位共和黨議員和兩位民主黨議員沒簽）。

這份稅賦承諾是最典型的政治「明線」，或是大家常說的「石蕊測試」。它將曾經強烈的政治偏好（想要減稅）重新塑造成一個原則，在任何情況下都不能妥協。

二〇一一年，在一場共和黨總統參選人的初選辯論上，候選人被問及他們是否支持一項假設性的赤字削減協議——每增加一美元稅收，就能多出十美元的支出額度。如果你支持更低的赤字、更小的政府（正如候選人在辯論中所宣稱的），就應該毫不考慮便接受這個協議。這項協議顯然符合共和黨參選人的喜好，卻因為違反了他們承諾的明線，所以每個參選人都表示會拒絕這項協議。

在其他情況下，民選官員不只是拒絕接受特定立場而已，而是明確拒絕與另一個黨派合

10 譯按：Battle of the Alamo，一八三五～一八三六年德克薩斯獨立戰爭中最慘烈的一場戰役（編按：此處比喻需拚命鬥爭，戰鬥至最後的事）。

作。例如巴拉克・歐巴馬當選之後，國會有些共和黨大老，就拒絕與民主黨敲定任何有意義的協議，就連以前的跨黨派議題也一樣。最明顯表現出這種觀點的，是當時參議院少數黨領袖米奇・麥康諾（Mitch McConnell），他曾說：「我們想做到的最重要事項只有一件，就是讓歐巴馬總統只做一任。」

我在政府任職時，這種石蕊測試就已經存在。但現在它們似乎更加盛行，結果雙方就越來越難妥協了。

和不受歡迎的人妥協，也可能有益

我應該在此聲明，「大幅增加不可侵犯的原則」以及「拒絕妥協」，尤其不符合大多數民主黨黨員的目標。只要我們認為政府在經濟成長和改善民眾生活上都扮演關鍵的角色，我們就不應該接受「無法達成共識」這個結果。

所以我們該怎麼決定何時妥協，還有如何妥協？我們怎麼知道哪些議題真的是阿拉莫戰役，哪些是可以談判的？就跟生活中許多事情一樣，你越思考，似乎就越複雜。但我認為重點在於，**不可侵犯（或近乎不可侵犯）的原則，應該要是極少數例外，而非常見情形**。時間優勢、機率性思考，以及期望值心態所能容許的細膩度和複雜度，都是明線作法所缺乏的。換言之，黃頁筆記的妥協方式，也最有可能導致最佳結果。

不妨思考個假設性的例子：一位自由派議員候選人支持全國步槍協會[11]（National Rifle

Association）。有些人或許會主張，這正好是應用石蕊測試的正確時機：假如一位候選人支持全國步槍協會與其政策，使得美國槍擊事件增加，你就不應該支持他。我個人支持更加嚴格的管制槍枝，這也表示在大多數情況下，我都不會支持一位擁護全國步槍協會的候選人。

但假設，我只要支持一小群擁護全國步槍協會的候選人，民主黨贏得眾議院控制權的機率就會上升一〇%~二〇%。這樣一來，民主黨關心的各項議案，大多數都得以推動，包含槍枝管制。在這個假設性的情境下，黃頁筆記便會將這個脈絡納入考慮，但明線做法不會。而且在這種情境下，我覺得黃頁筆記法應該能導致好非常多的結果，也就是說，**只要支持少數幾位擁槍的候選人，就能有意義的增加民主黨控制國會的機率**。

同樣的，說到決定是否該與某人妥協，黃頁筆記也能容許更高的細膩度（甚至能作出更好的決策）。二〇二〇年總統競選活動初期，我聽到喬・拜登告訴一位募款人，他跟赫爾曼・塔爾梅奇（Herman Talmadge）、詹姆斯・伊斯特蘭（James Eastland）合作，設法推動他關心的提案——這兩位前任南方民主黨參議員，都強烈支持白人至上主義和《吉姆・克勞法[12]》（*Jim Crow Laws*），而拜登非常厭惡這兩樣東西。在場幾乎沒有人多想拜登說的話，而且不久之後，眾議員約翰・路易斯（John Lewis）也表示贊同拜登的想法：有些人的看法

11 編按：美國非營利性民權組織，致力於舉辦槍枝安全訓練課程，組織各種射擊活動、運動、比賽等，同時也是美國槍枝限制運動的主要反對者。

也許很討厭，但還是值得試著去跟他們談判。然而，拜登說的話還是掀起了一場風暴。

就跟大多數人一樣，我覺得塔爾梅奇和伊斯特蘭的看法令人反感。事實上，假如我採用期望值方法來分析是否該跟他們談判，我會加上一些經常被忽視的代價。第一，有些人大半輩子都在作卑鄙的事，假如我把他們與其所作所為合理化（即使只是稍微放點水），就會造成傷害。第二，跟某個公認的壞人（而且我也確實認為他是個壞人）扯上關係，自己的名譽將會付出長期的代價。這些附加成本的確會讓我更難妥協。

不過，**假如將這些代價納入考慮後，妥協依然可能是有益的，那我就會妥協**。在還不明白這次協商是否值得之前，我絕對不會不假思索的拒絕談判。

這種原則性妥協的方法，意味著拒絕談判應該是最終手段。在無法妥協的情境下，重點應該轉為改變局面（政治動機、政策選項、現況事實），重新計算期望值，讓我們能夠更成功的達成既理智又有原則的妥協。

我並不認為恢復妥協意願，就足以解決我國所有問題。但我認為我們可以透過有原則的妥協，在許多議題上取得重大進展——這些議題對於大多數美國人來說，都至關重要。

不可阻擋的趨勢，也會出現轉機（我這輩子看過不少次）

你可以寄望政治體系自我修復，至少在某種程度上。假如領導者承諾讓政府更有成效，引起選民共鳴，並且在政治上成功竄起，我們就會看到雪球效應——政治人物會將自己的政治盤算調整到那個方向。帶頭的人可能是聯邦級別的政治人物，或是州長、市長等，他們認真的治理態度也將反映在選舉上。

但我認為，**唯有我們所有人（來自每個社會部門）都願意攜手合作來修復政府，政府才可能有效**。企業必須明白：為了它們的利益著想，就必須擁有一個有能力應付巨大挑戰的政治體系。公民團體和非營利組織必須明白：恢復政府的成效，對所有人來說都無比重要，無論我們關心的議題是什麼。

或許最重要的是，選民必須明白「願意秉持理性誠實的態度，也願意妥協」是領導者必備的特質——因此選民應該要求候選人具備這些特質，畢竟，候選人需要贏得選民的支持。這些工作我們都應該盡力去做（從投票、與候選人互動，到決定該支持哪些競選活動、哪些跟我們有關的原則），才能反轉政治流程功能失常的趨勢。

但這樣就夠了嗎？我們的政治文化需要改變到什麼程度，才能激發結構性的改革？我們的結構性改革需要到什麼程度，才能創造出改變文化的條件？但願我知道答案，或能抱著高度信心來聲明我的看法。但我不會，也不能這樣做。「我們希望政府該怎麼運作」跟「政府真正的運作方式」必定會有落差。看著這個落差越來越大，實在令人氣餒，而更令人氣餒的

12 編按：一八七六～一九六五年間，美國南方各州及邊境各州對有色人種實行種族隔離制度的法律。

是，似乎沒有明確的方式能反轉這個趨勢。

好在我已經活得夠久，所以見證過看似不可阻擋的趨勢最終反轉過來。隨便舉個例子，**我念大學的時候，大家都以為蘇聯會打贏冷戰，而後來的發展並非如此**。一個情境有可能好幾年、好幾十年間都沒有改善，然後基於某種原因抵達了轉折點，於是事情開始劇烈且快速的改變，而且變得更好。

我們很難預測這些轉折點何時會發生，或為什麼發生。但「美國政治體系在過去數十年來的功能變差」這件事實，並不代表政治體系就這麼完蛋了。我反而希望（並且以歷史為鑑）有機會能改變這個現實——許多人都覺得，國家陷入風險之中是個不可阻擋的趨勢。**我們必須對這些機會時刻保持警覺，如此一來，等它們真正到來時，才能準備好將其掌握。**

第 9 章

當眼前沒有好選擇，就努力找個最不爛的

「不選擇」本身就是一種選擇，因為其他選項很快就沒了。在某些情況下，繼續尋求「好」選擇只是白費功夫。你必須承認所有選項都很爛（甚至爛透了），然後努力找一個最不爛的。

距今大約十年前，我見到了中央情報局（Central Intelligence Agency，簡稱CIA）的中國站站長（Station Chief）。當時，我去北京參加了一場大會，時任美國大使、前猶他州州長喬恩·亨茨曼（Jon Huntsman），邀請我前往他的住處一趟。在討論美中兩國各自的發展軌跡時，他介紹了情報體系的同仁給我認識。

於是，我轉頭請這位長官描述一下中國政府的普遍觀點。他說的話（以及他直言不諱的語氣）至今仍深深烙印在我腦海中。

「他們認為自己正在接管這個站點，而我們準備要離開了。」

我經常聽到中國專家與美國企業界的領袖，以預測或擔心的語氣表達這個想法的前半段——**中國的全球影響力已進入無可匹敵的時期，不下於美國在二戰之後的影響力**。更令人擔憂的是，如今這個想法的後半段（美國最好的時代已經過去了），似乎比我能記得的任何時期都還普遍。

我們面對的挑戰，不只是相對於中國或其他任何國家的經濟地位，還有更重要的——美國人民自己的長期展望。越來越多有影響力的領袖和專家，以及許多民眾，都擔心在政府功能失常、社會摩擦日益嚴重的情況下，美國的長期經濟成長將令人失望。

我對任何事情從來都不會過於樂觀，尤其是經濟。但當我們的國家面對巨大的挑戰時，我並不認同現今流行的悲觀看法。

我認為美國擁有巨大的長期經濟優勢，包括活躍的創業文化、實力堅強的研究所，以及將研究成果商業化的管道、彈性的勞力與資本市場、法治、比其他主要經濟體更優質的勞動力年齡分布、大量的天然資源等。比起其他任何國家，我更願意參與美國的經濟活動——例如創立、投資或營運一項事業。假如我們採取措施，將經濟成長的利益分享給更多人，美國的勞工將比其他國家更有可能體驗到穩定提升的生活水準。

我們具備了成功的條件。但在經濟方面，**我們究竟是會明白自己的潛力，還是在日漸增加的社會紛爭中混日子？**這將取決於我們身為一個國家所做的決策。

某種程度上來說，這個看法一直都很有道理。但比起我記憶中的任何時期，現在似乎又更有道理了。二戰後的數十年，美國是舉世無雙的經濟巨頭。也因為這樣，我們不必承受爛決策所造成的潛在後果（至少就某些方面來說），但現在情況已不再是如此。其他國家的競爭可說來勢洶洶，雖然我們在全球經濟的整體地位還是無可匹敵，但美國和其他國家之間的差距已在縮小。如果我們沒有做出明智的決策，並向前邁進，我們的結構性優勢（儘管相當可觀）就不太可能帶動長期繁榮。

換句話說，我們的經濟未來，大部分將取決於我們對於一個問題的集體答案，這個問題我周旋了五十多年（它有各種形式）：**我們該用什麼態度，應付眼下最重要的政策挑戰？**

就算是終生民主黨員，也不總是同意黨的看法

這幾十年來，不同的政策構想都曾經流行，也退過流行，因此我認為一個人對政策制定的基本態度，也應該會隨著時間改變。但我認為，上述那個問題的答案是：**不該動搖基本**

態度。如果今天是討論政策細節，而非一個人思考政策制定時的大方向，那麼彈性就非常重要。每個人都應該不斷的從過去學習，並應用於現在。當局勢改變、新的事實曝光，或有人發展出新的分析性見解時，政策就應該改變以反映它們。但我認為，即使政策立場改變，制定明智決策的關鍵還是沒變。

我的成長過程中，從來沒想像過我的成年生活，會有一大半都用來思考「政策制定的關鍵到底是什麼」。對我來說（我猜許多人都是這樣），我是先對政治有興趣，後來才對政策感興趣。我的外公山謬．塞德曼（Samuel Seiderman）經營過紐約市其中一間深具影響力的民主黨俱樂部，當時這類組織仍是舉足輕重的團體。

我母親非常崇拜她的父親，所以我也非常敬重他。雖然你很難知道一個人的興趣到底是從哪裡來的，但他的影響力，或許在早年就激起了我對政治的興趣。即使我的生涯從市場起步，但我知道，我也想找到方法從政。

而在我參與更多政治事務後，有曾經考慮加入共和黨嗎？最簡短的答案，是「沒有」。有一部分是因為，我來自民主黨黨員的家庭。不過，當我從任何家庭背景中獨立出來、建立自己的政治看法時，我也一直覺得自己比較接近民主黨的主流思想，而不是共和黨。我對於大政府或小政府沒有道德信念，但從實務的角度來說，我覺得唯有「堅決且有效的政府」與「以市場為基礎的經濟體系」並行運作，解決市場本身無法有效處理的議題，我們的經濟才可能成功。

在我主觀的看法中，也認為政府有道德責任提供全民的健康快樂，這意味著幫助每一個人（尤其是低收入群體）達到不錯的生活水準，並且讓更多人享受經濟成長的利益。我認為這樣也非常符合我們的經濟利益，因為幫助低收入群體就能減少長期的公共成本、提高生產力，並增加社會凝聚力。

我不會支持民主黨的所有政策看法，或反對共和黨的一切觀點。但從我開始積極從政五十年之後，至今我仍覺得我的看法更接近大多數民主黨黨員。兩黨中都有極端分子，但即使我不贊同某些民主黨黨員的政策方針，我通常都能認同他們大致上的目標（例如增加醫療保健管道、減少貧富差距、對抗氣候變遷等）。另一方面，共和黨極端分子的手段和目標我都不認同——而且過去幾年來，我對他們的反感越發強烈，尤其在企圖顛覆二〇二〇年選舉結果時。

不過，雖然身為終身民主黨黨員，我認為政策辯論通常都過於仰賴黨派或意識形態的標籤，來簡化複雜的問題。比方說，民主黨黨員普遍來說，比共和黨黨員更支持提高富人稅，以資助政府重要功能。我也支持這個看法，但當談到政策細節時（各種類型的增稅會對經濟成長造成什麼影響？應該提高多少政府收入，才能維持重要的公共服務？到底應該怎麼對有錢人增稅？），黨派之間就幾乎提不出有建設性的答案。

意識形態標籤不但過於簡化問題，還經常產生反效果。幾年前，我曾建議一位重量級的民主黨政策思想家（他在政府擔任高官，而我非常敬重他的智識）建立成本效益框架，以徹底思考怎麼改革監管機制。他回答我：「我們需要的是進步的方法，才能改革監管機制。」

大致上來說，他和我的政策看法是類似的，但他說的話卻令我感冒。我認為一個人應該先決定目標，再試著想出能夠最有效推進這個目標的政策。假如你對監管政策做出最明智的決策，而這些決策恰好被貼上「進步」、「溫和」或「保守」之類的標籤，那麼這些標籤就無關緊要。但假如你拒絕最明智的決策，並贊成更偏向某個意識形態的方案，那麼用標籤引導決策，就會產生負面效果。

根據我的經驗，討論政策時最重要的差異並不在於「自由派／保守派」、「進步派／溫和派」、「黨派／跨黨派」、「改革派／制度派」之間。最重要的差異是，有些人承認政策議題很複雜，並基於事實和理性正直的分析，徹底思考這些議題；而有些人並沒有這麼做。

教條和速記法雖然能簡化複雜的問題，卻使人無法做出明智的決策。

先決定目標，再決定怎麼做

愛德華．默羅（Edward R. Murrow）是他那個時代最優秀的記者之一，他曾說過：「我們最主要的政策義務，就是別把口號當成解決之道。」而我跟他的看法類似，我認為在政策方面，標籤是不能替代思考的。

實務上，政策議題的相互關係非常複雜，使人很難做出決策。我剛進財政部時，希薇亞．馬修斯擔任我的幕僚長，她問我：「你的優先事項是什麼？」

「喔，我的優先事項嗎？很簡單。」我回答道，接著列舉了大約三十個項目出來。

「你不能有三十個優先事項。」她說。然後我說：「為什麼不行？它們全都是我的優先事項。」我猜，她應該很想掐死我。

實務上，希薇亞是對的，你不能一次做三十件事。但我覺得我也有道理，政策制定者應該要永遠記得一件事：沒有任何行動或決策是能獨立存在的。所有事情都與彼此息息相關。

這就是為什麼，順暢的政策制定流程如此重要：它能讓領導者承認事情的複雜度，卻不會被其壓垮。這種流程必須基於一個認知：**沒有事情是確定的，所有決策都牽涉到機率與取捨的權衡**。不過，一個思慮周延的政策制定方法，將會有額外的層面避免標籤的影響，讓領導者能細膩且謹慎的思考，並做出明智的決策。

政策制定流程應該從定義目標開始。但令人意外的是，決策者經常先評估選項，再花心思決定他們希望達成的目標。只要能明確、嚴謹的描述目標，整個團隊就會同心協力，提供有紀律的框架徹底思考決策。領導者應該要**先知道他們希望達成什麼目標，再決定他們要做什麼**。

政策制定的另一個關鍵要素，就是對專家保持正確的態度。不聽專家的話，下場可能會很慘。但是「聽專家的話」也是很複雜的事。第一，**專家的評估和預測有可能出錯**，這有一部分是因為他們沉溺於自己的模型和理論，而看不見現實世界的因素——這都是模型無法掌握的。第二，**專家之間通常都意見不合**——專家很少會有清楚的共識讓你照著做。

我認為，政策制定者既不應該完全依賴專家，也不應該不理他們，而是要取得平衡。他們應該謹慎聆聽專家的話、努力理解他們的看法，接著再做出自己的判斷。例如財政部就有一群傑出的經濟學家，以及知識淵博的非經濟學家，他們能夠識別並定義關鍵問題，針對問題發展政策或決策選項，並擺出分析與事實，協助引導我的決策。當我的同事表達他們的看法和判斷時，我經常請他們解釋相反的看法（跟他們相反或跟我相反），這樣才能擴大討論範圍，並找出想法上的疏失。

我的經濟學知識不必跟共事的經濟學家一樣淵博（不過，當你的副部長是全國最頂尖的經濟學家之一時，肯定會有幫助），重要的是，我得熟悉他們想法背後的經濟概念，這樣便能參與認真的商議。假如有人在會議上提出一個論點或主張，但我沒有完全理解時，我並不介意展現出無知，並請他們解釋自己的意思。

謹慎聽別人說話，是一項重要的技能，而且不僅限於有專家在場的時候。根據經驗，最好的政策制定者，通常也是優秀的傾聽者。這不表示他們容易動搖，他們只是有認真想過別人的意見。好的傾聽者會消化你說的話，然後回以條理分明的回答，無論他同不同意你。

好的傾聽者不一定是禮貌的傾聽者。例如勞倫斯・薩默斯覺得你話中有錯時，他會直言不諱的告訴你。但假如你請他將你的意見重述給你聽，你會發現他確實理解你在說什麼，即使他並不同意。假如你請他盡可能解釋他自己的意見，他也不會給你站不住腳的理由——他會說出既中肯又詳細的主張。

當眼前沒有好選擇，盡快挑一個最不爛的！

政策制定者也應該謹慎思考，什麼時候要做出大決策。領導者通常必須迅速選擇前進的路線。**「不選擇」本身就是一種選擇，因為其他選項很快就沒了**。但在許多情況下，領導者會延後選擇，這並非害怕或過度猶豫，而是為了蒐集更多資訊、觀察局面怎麼發展。我稱之為「保留選擇性」。

有一種保留選擇性的方法很簡單，就是問自己：**「我必須現在就做出決策嗎？」**如果答案是「不用」，想想看有什麼東西，可以讓你之後做出更好的決策。領導者也能透過其他方式保留選擇性，例如在做出決策、處理緊急事件時，不會只有一個固定的長期行動方針。或者，他們選擇的行動方針，在未來能持續開放最多的選項。（因此，我主張我去念法學院就是在保留選擇性。我並不想走法律這條路，但法學院似乎是很好的出路，能讓我有廣泛的生涯選擇。）

有效政策制定的另一個重要層面，就是同時考量政治和政策的能力。我認為許多人從企業轉職到政府時，都有痛苦的過渡期，而且通常都沒有成功。其中一個原因就是前文提過的：複雜度變高了。政策決策跟企業決策不一樣，它幾乎總是牽涉到一大群利害關係人與互相衝突的利益。無論任何政策制定者（連總統也一樣）想做什麼，一般來說都必須先取得許多人贊同，才能推行一項政策。

我認為政治應該為政策服務，而不是反過來。但是做決策的時候，政治和政策都必須納入考量，因為正如我之前所說，**如果政治沒有作用，政策就會變得難以（甚至不可能）有效實行**。

與此同時，政治上的事情可能被不老實的人拿來反對政策。假如有人反對一項決策，卻沒有對它提出有說服力的主張，他可能就是覺得這項決策在政治上不可行，而沒有評估它的好處。這種問題很難避免，唯一的解決之道，就是讓團隊和領導者做出承諾，用理性的嚴謹與正直來評估政治和政策。

政策制定者也應該將成本效益分析，應用於政策選項。這似乎滿直截了當的：假如一個政策的效益超過成本，那我們就應該採用這個措施，如果不是，那就不採用。但很少事情這麼單純，比方說，不是所有變數都能被輕易量化。人命的價值是什麼？乾淨的溪流呢？「自由」這種抽象概念呢？一件東西不能被輕易量化，不代表它不真實，因此也應該被納入成本效益的框架。

政策制定者必須應對的另一種複雜度，就是時間範圍，其成本和效益會受到嚴格檢視。有些政策構想的短期效益很高，但長期成本很高，有些則剛好相反。關於這一點，有一種思考方式，就是計算期望值，並利用「折現率」來做決策。比方說，一百美元的收益，如果明天就變現，它的價值就是一百美元；如果十年後變現，價值就是五十美元；如果二十年後變現，就只剩二十美元。

第二層與第三層的成本和效益，也要納入考量與權衡。假設一項政策是有益的，卻會大幅降低政治人物日後制定新的（而且更有益的）政策意願。那麼其淨效益，是正還是負？

政策制定者也必須避免一種誘惑：**只檢視一項政策的好處，卻避談它的成本**。一九八二年，泰德．甘迺迪（Ted Kennedy）考慮第二次競選總統（他在一九八〇年的民主黨初選挑戰過吉米．卡特），我去聽了他的演講。他是個優秀的演說家，也是重量級的參議員，而且我跟他一樣關心教育和對抗貧窮等諸多議題。我記得我對他印象深刻。「他說的話真有道理。」我心想。

但當他講完的時候，我才意識到，**他完全沒提要怎麼兌現他的許多提案**。我並不擔心他提出一個我不贊同，甚至讓我覺得缺乏財政紀律的兌現方法。我擔心的是他完全沒提出兌現方法。他可能沒想過該怎麼兌現、不想處理兌現所需的政治事務，或者他覺得這個主題不夠重要，所以沒有包含在演講裡。我判定他這麼做是行不通的，所以拒絕幫他助選。

在進行成本效益分析時，另一個要記住的重點，就是有時連「最佳」的決策都不會導致正面結果。有些政策制定者很難接受這件事，在柯林頓執政時，我跟另一位高級官員在戰情室開會。勞倫斯．薩默斯和我給出了一系列選項，全部都很可能導致負面結果。

「總會有一個好答案吧！」這位官員說道。

「不，沒有好答案。」我們回答。

勞倫斯和我並不是暗指所有選項都一樣爛，我們的意思是，在某些情況下，每個可能的行動方針都很可能有壞結果。換句話說，每個可行選項（包括什麼都不做），都可能導致巨大的負面後果。

在這種情況下，繼續尋求「好」選擇只是白費功夫。**你必須承認所有選項都很爛（甚至爛透了），然後努力找一個最不爛的**。

比方說，當我們面對墨西哥金融危機時，我們承認其中一個選項（以放款給墨西哥的形式介入）可能會產生所謂的「道德危機」，因為放款人可能會以為，假如那些國家因為其他新興市場債務而陷入麻煩，我們也會介入其中。這種想法會導致放款人在缺乏適當紀律的情況下擴張信用，進而提高將來出問題的機率。同樣的，其他政府也會以為，當它們做出不明智的借款決策時，美國會來替它們紓困。這些都是壞結果。

但另一個選項——什麼都不做，也會導致壞結果。我們覺得不介入的話，很可能會導致墨西哥經濟既嚴重又持久的威脅，而且這個問題會蔓延到其他新興市場國家（擔憂的債權人也會從這些國家撤資），並對美國經濟造成負面衝擊。無論追求哪一個行動方針，代價都很巨大，而且我們很可能會感受到某些形式的負面後果。但我們覺得介入是「最不糟糕」的選擇，所以我們就這樣建議總統。

幸運的是，在接下來數十年應該要採取的整體經濟展望和政策議程，我們確實有可行的好選擇。深陷於數十年的經濟政策辯論後，我認為有一個行動方針，能讓我們最有機會駕馭長期優勢（我曾看過這個方法對美國整個經濟光譜的成效，而我相信它能再度奏效），它經常被稱為「包容性成長」。

包容性成長：共同享受的繁榮

就我看來，包容性成長的核心概念是：「經濟成長」和「共享的經濟福祉」是互相依存的目標。如果沒有相對強勁的長期經濟成長，就不可能讓人民擁有可接受且不斷提高的生活水準、克服貧窮，或充分提升全體福利。我支持的政策（像是對富人課重稅，以資助公共投資和社會安全網計畫），確實是將高收入人士的錢轉移到中產階級與低收入家庭。但從實務的角度看來，財富重新分配也只能做到這麼多。如果要創造就業機會、降低失業率（提高薪水）、增加公共投資所需要的財政資源，那麼強勁的成長就有必要。

與此同時，如果只專注於成長，卻沒有考慮到讓大多數人都享受繁榮，那也是錯的，而且這樣在長期情況下也行不通。普遍經濟福祉的諸多益處之一，就是創造更大的消費者需求。它能提高勞工的經濟能力，讓他們能夠接受教育和訓練，進而提高利潤和生產力，也能讓更多民眾支持市場經濟和貿易自由化。**如果要追求普遍的福祉，就必須有經濟成長；而如果要追求強勁且持續的經濟成長，就必須有普遍的福祉。**

支撐包容性成長的第二個論點是：二戰之後的時代，所有國家都是先對市場經濟做出基本承諾，才迎來持續強勁的成長。中國直到一九七八年接受市場經濟的關鍵要素之後，經濟才開始大幅改善（中國屢次重申這個承諾，但它目前的情況與未來軌跡，都既複雜且不確定）。至於北歐國家雖然有時是靠社會主義模型支撐，稅賦比美國更高、社會安全網也比美國堅實，但它們也有市場經濟——也就是生產資料私有制。

從道德或意識形態的意義上，我並不相信自由市場。但證據明顯指出，市場就是達成經濟成長的最佳體系。

然而市場有許多重要的議題，因為它本質上就不可能，也不會有效處理貧窮、擴大的貧富差距、氣候變遷等問題。因此**必須有一個堅決且有效的政府，做那些市場不做的事情，我們才有可能長期成功。**

我們不能在「經濟成長」與「更公平的社會」之間二選一。我們也不能在「政府」與「市場」之間二選一，我們兩個都要。

當我試著描述「達成包容性成長」會是什麼樣子時，我發現把有效政府的職責分成三個主要領域，會很有幫助。

第一個領域是公共投資。如果鼓勵眾人投資那些投資報酬率會累積於投資人的領域（尤其是收益在短期或中期就會實現的時候），那麼市場力量就會非常有效果。但假如投資報酬率主要是累積於民眾，或報酬需要長時間才能實現時，市場就不太可能獲得充分投資。

因此，堅定且有效之政府的其中一個主要職責，就是**填補私人投資所留下的巨大缺口，將公共基金花在能促進全體福利、使總體經濟成長的投資上**。隨便舉幾個例子：我們應該建造更多基礎建設，來運輸人與貨物、透過高速網路傳遞資訊（雖然拜登總統的基礎建設法案獲得的跨黨派支持，是非常顯著的進步，但我們還需要更多投資，才能完全彌補失去的時間）。我們也應該鼓勵民眾多支持基本面和應用面的研究與發展。政府的研究已導致大量創新（從雷達與GPS導航，到智慧型手機與網際網路），進而改善生活，並對美國經濟做出重大貢獻。

其他的公共投資，不僅對經濟成長有所貢獻，也能協助達成必要的目標——**提供社會安全網**。在此舉一個公共投資帶來的其他利益：醫療保險和社會保險，讓年長的美國人較不會陷入貧困。這不只對他們和其家庭有好處，在更廣泛的經濟層級上，它能幫助維持市場需求，並提供受歡迎的公共利益，讓民眾願意支持我們的市場經濟體系。同理，反貧窮措施能夠減少社會成本、增加生產力，進而提供高投資報酬率給納稅人。

就算這些措施沒有影響經濟，我仍然認為它們值得這樣的支出，因為我認為政府應該協助支持最脆弱的社會成員。但我在許多場合都必須提醒更保守的朋友和同事：在政府的角色上，你不必跟我抱持同樣的主觀意見，認為公共募資的社會計畫很重要。但你必須承認，這些計畫將對整體經濟帶來巨大的利益。

當然，**巨大的公共投資，就會伴隨巨大的公共成本**，而且這些成本都是必須付出的，其方法包括提高收入、借錢、減少其他地方的支出，或結合以上三者。

政府應該要付出多少，才能做出必要的投資？這個問題牽涉到有效政府在促進包容性成長時的第二個主要職責：**擬定明智的財政政策**。

政策制定者不分派別，只分深思熟慮過，和沒有的

財政政策這個主題其實有點無聊。我太太茱蒂甚至建議我，把這一段內容命名為「咬牙讀完」（Slog Through It）。但財政議題就是跟我生涯最密切相關的經濟政策領域，而我覺得我至少要稍微詳談一下這個主題。

同時，財政政策立場經常被過度簡化，所以我更要談。細膩的議題被簡化成二元對立後，使人們將其錯誤的歸類成兩類：第一類是「財政鷹派」（有時又稱「赤字鷹派」），主張減少赤字；第二類則是「財政鴿派」，主張不受約束的借款（因此赤字會增加）並不會產

生負面效應。

我大概算是鷹派，但從這個例子你就知道，標籤雖然能夠闡明事情，但也會混淆事情。我的確相信財政紀律，也就是說，我認為我們應該謹慎考慮「該把公共資金花在哪」，以及「我們該容許多大的聯邦債務」，才能讓整體經濟成長。**但我並不反對負債或赤字本身**，在經濟大衰退期間，以及新冠肺炎疫情初期，我說過也寫過：我們必須有健全的救濟和激勵措施，才能彌補經濟體中短缺的私人需求；而這些措施就是要靠赤字開支才能資助。

就我看來，最重大的分歧不是財政鷹派和鴿派，而是「**嚴謹思考財政議題相關問題的人**」，**以及「輕率行動，覺得這些問題都有簡單答案的人」**。我覺得近來越來越多政治人物、政策制定者，甚至一些學者都屬於後者。他們當中最極端的人可能會主張，我們應該減少赤字，而不顧長期社會或經濟成本，甚至可以無限制的借錢。至於減少赤字上比較不極端的版本（但沒有比較嚴謹），就是宣稱支持赤字，但前提是不能違背自己的政治優先事項，例如右派的減稅、左派的公共支出等。

有些人雖然沒有嚴謹思考財政事務，但最後仍採取跟我類似的政治立場。不過我覺得，比起「沒有周延處理相關議題，但剛好在政策上贊同我的人」，「跟我在政策上意見不合，卻謹慎處理相關議題的人」反而跟我有更多共同之處。

比方說，有些經濟學家主張，雖然我們不能無限增加我們相對於總體經濟的負債（通常稱為「債務占GDP比例」），但我們還有很多負債的空間。而且當低利率持續好幾年的時候（直到二〇二二年才有提高），這種主張更是強烈。

提出這種主張的經濟學家和專家，有許多人都徹底思考過這個議題。他們和我的基本論點是一致的。第一，美國能夠累積的債務是有限度的。第二，這個限度無法在事前就精準的確定，因為它取決於市場心理學、商業信心、市場放款給聯邦政府的意願，以及其他因素。

但我不同意他們的結論。這並非因為我的意識形態是赤字鷹派，而是因為**根據我的判斷，長期高赤字的風險，遠比這些經濟政策思想家認為的還高**。

事實上，我甚至認為我們目前的長期財政軌跡（也就是我們目前預期的債務占GDP比例），產生了既嚴重又相互關聯的風險。基本經濟理論暗示政府應該在衰退之際借更多錢、花更多錢，以彌補失去的消費者與企業需求；而且應該在經濟成長之際減少支出、增加收入（或雙管齊下），以減少債務占GDP比例。不過最近幾十年來，我們太常不照這個策略走，反而無論時局好壞都維持巨大的赤字，將債務占GDP比例逐漸提高到美國史上第二高的水準（**史上最高的那次，是二戰剛打完時**）。

這可能讓市場在將來衰退之際，更不可能放款給財政部，進而大幅降低經濟的恢復能力。現在的高借款水準，也可能使我們在未來更難做出赤字資助的公共投資；可能是因為借款增加，而使市場利率產生不利的反應，或是政治人物沒興趣做這些額外的投資，或兩者皆有。赤字資助的公共投資相當重要，但我們仍要權衡這些投資的利益，以及這些赤字產生的風險，包括利率飆升，甚至導致金融危機，這兩者都會讓這樣的投資變得不明智或不可能。雖然借款和支出並非通貨膨脹的唯一原因，但它們會讓經濟過熱、導致通貨膨脹。

寫到這裡，通貨膨脹是美國消費者、勞工和政策制定者最擔心的事情之一。但不明智的財政政策導致的風險，可不只有通貨膨脹而已，還有其他包括：使美元趨於弱勢，外國資金撤離市場，以及可能的市場疑慮（關於未來的通貨膨脹，以及未來經濟體中儲蓄的供需失衡）。基於這些理由，不明智的財政路線可能會導致利率飆升，而且你無法預測它何時會飆升。在極端情況下，也可能會產生金融危機。

二〇二一年一月，彼得．奧薩格（Peter Orszag，曾任行政管理和預算局局長）、約瑟夫．史迪格里茲（Joseph Stiglitz，諾貝爾經濟學獎得主）與我，在一份論文中堅決主張：未來的通貨膨脹和利率都有「極深的不確定性」。我認為發生過的事件已經證實了我們的立場，說得更廣義一點，這些情況其實一直都有很大的不確定性（即使通膨與利率已經很久沒漲了），因此如果打算用赤字來資助支出或減稅，那麼計算風險時就要將這種不確定性列入考量。

請務必記得，**財政狀況也會造成心理上的效應，而且模型無法完全掌握它**。舉個例子，一九九〇年代初期，大家都很擔心美國的財政永續性，而這種不確定的感覺，蔓延到美國的經濟政策，因此使企業不看好政治體系面對挑戰的能力。這種情況拖累了企業的投資和僱用情形，進而影響了整體經濟。

不明智的赤字和債務占GDP比例所導致的風險，已經很久沒成真了，不過近年來，我們的赤字很可能令人更不想支持公共投資，而且在二〇二二年，我們的經濟已承受了巨大的通膨壓力，有一部分原因就是出在赤字開支。雖然我們不確定目前的財政狀況是否已偏離基本原則，但我們目前的債務占GDP比例已然處於歷史高點（接近一九四六年以來的最高水準），這也意味著，這種狀況總有一天會受到嚴厲的修正。

無論我對這些風險成真機率的看法是對是錯，**我們其實根本就不必承擔這些風險**。新冠肺炎疫情爆發之前，聯邦稅收占GDP的百分比，就已經遠低於充分就業經濟下的歷史平均值，甚至比一九九〇年代經濟繁榮時還低。與其借更多錢來滿足基礎建設需求、資助反貧窮計畫、進行其他值得的投資，**我們不如藉由累進稅率來增加必要的資金，逐漸改善中期和長期的財政軌跡**。請留意，我這裡指的「累進」是經濟上的意義，而非政治上的「進步」，意思是所得與財富最多的人要負擔特別重的稅[1]。

若想改善我們的財政狀況，同時繼續做出必要的公共投資，提高收入並非唯一的方法。例如美國目前醫療保健成本占GDP的比例，雖大幅超越其他已開發經濟體，卻沒有產生更好的醫療成果。這表示我們有機會（至少理論上來說）在不必犧牲病患照護的情況下，減少聯邦醫療保健計畫的成本。

總而言之，我認為我們目前債務占GDP比例的長期軌跡，將會持續招致風險；與其這樣，我們應該要明智的投資，比起重度仰賴借款，更應該透過累進稅率增加收入；同時也要盡可能提高效率來降低成本，這樣才有更多空間實行各種必要的公共計畫。我並不認為，採用這種方法的財政政策議程屬於鷹派或鴿派其中一種，但我認為這樣的議程，將會讓美國經

1 譯按：累進和進步的英文都是「progressive」。

濟處於最有利的地位，以達到長期成功。

除了增加和支出資金，我認為政府還必須盡到第三個職責，那就是**處理所謂的「結構性議題」**。這有點籠統，甚至有些重疊之處，因為許多結構性議題也牽涉到更大的公共投資。但大致上來說，我的意思是「**除了公共投資以外，其他只能透過政府行動（立法，或由行政機關制定規則）來有效處理的議題**」。

其中一個議題，就是法規。這個領域內的商議太偏向數量方面的問題（我們應該要有多少法規？），卻沒討論既有法規或法規提案的好處。就算大家有考慮到法規的好處，辯論時通常也缺乏紀律、偏向意識形態。這就是為什麼，我認為我們只要應用嚴謹的成本效益框架，就能獲益良多。

過去有幾屆政府（包括柯林頓總統和歐巴馬總統）都試過這種做法，雖然他們的成果很有限，但未來的政府應該繼續嘗試，因為背後的收穫會是不可計量的。為了提高成功機率，我們應該大幅增加行政管理和預算局的職員和資源，也就是負責審核法規之處。

有些民主黨黨員，十分懷疑用成本效益方法制定法規的成效，因為過去企業曾利用它來規避那些符合整體公共利益的規則；而且這些黨員也擔心，這種作法在未來必定會偏袒企業。但假如政策制定者有考慮到整個成本效益範圍（例如這些法規是否有減少貧富差距、將來氣候變遷的成本等），我不認為會發生這種事。比方說，如果沒有緩和氣候變遷就會嚴重損害經濟，那麼成本效益方法就應該更加強環保法規，而不是削弱它。

在金融部門，成本效益方法同樣也能定出更有效的監管政策，同時讓大家更清楚這類法規的必要性。我認為**市場過熱的原因，在於貪婪與恐懼**。自從我在高盛擔任更高階的職位之後，我開始以更全面的角度思考市場風險，也因此支持那些設計來避免系統性市場失靈的金融法規。

缺乏有效的金融法規，會招致嚴重的問題，包括市場操縱、體系內重要機構的信用度降低，以及缺乏適當的消費者保護機制。最後，有效的金融法規第二層的好處，就是**讓大家更支持我們的市場經濟體系，因為它們讓大多數人更加感受到體系對其有益，而不是在占他們便宜**。

以上就是「維持我們市場經濟體系的民眾支持度」的最後一個重點，它經常被忽視。以勞動政策為例，許多我認識的執行長都跟工會作對。而我認為這是錯的。如果執行長想維持市場經濟、彈性勞動市場、貿易自由化，以及其他成功經濟體優先事項的支持度，美國人就必須先感覺到這些政策在為他們效力。**工會在其中扮演著關鍵的角色，將更多經濟成長的利益帶到所有社會部門**。我認為這個效應本身就是正面的。就算你不同意，但讓更多人分享到經濟利益，就會有更多人支持明智的經濟政策，這些都是符合企業利益的。

減少貧富差距很難，但值得不斷嘗試

我對於「減少貧富差距的重要性」的看法，就跟對於氣候變遷一樣，近年來已經改變。幾年前，經濟學家希瑟・鮑希[2]（Heather Boushey）來到我的辦公室，並跟我聊到這個主題。當時我認為，雖然普遍共享的經濟福祉，是制定明智經濟政策時的核心目標，但「減少貧富差距」本身卻並非目的之一。

但希瑟向我拋出另一套，我從來沒聽過的構想。她主張，**隨著貧富差距擴大，有錢人就不會再關心社會諸多層面，以及影響全國的政策成果**（如公共教育、全民醫療保健、對抗貧窮等）。因為有錢人擁有大到不成比例的政治影響力，他們的不聞不問，可能會導致國家不再全力追求該追求的政策成果，進而使更多人覺得體系沒有在為他們效力，他們對市場經濟的支持度就會降低。

此外，貧富差距變大也可能增加社會摩擦。希瑟令我相信，即使民眾無論所得高低，生活水準都在穩定改善中，貧富差距還是會威脅到政府成效、經濟實力，以及社會凝聚力。

就我看來，我跟希瑟的對話剛好可以說明一件事：「將成本效益分析應用在結構性議題」既不是進步派方法，也不是保守派方法，更不是溫和派的方法，而是一種「常識」。**盡一己之力，徹底了解自己提出的措施會造成什麼影響，再將這份知識反映在決策上，就是制定明智政策時必須做到的事**。而我認為，如果不採用嚴謹的成本效益方法，而採用其他常見的方法（基於意識形態，或沒有事實和分析佐證的意見決策），將會是百害而無一利。

不過，即使整個聯邦政府都採用並支持成本效益框架，還是會有難以應付的結構性議題，無論在政治上或實質上。

貿易就是一個好例子。許多貿易政策長久以來的理論基礎，都牽涉到比較優勢。簡單來說，每個國家的經濟體，都應該生產「成本低於其他經濟體」的商品和服務。如此一來，不同的經濟體就能藉由貿易，共享彼此優勢帶來的利益。這樣會導致更便宜的進口價格、增加國內生產者的競爭、降低物價、提升消費者的有效購買力，進而降低生產者的投入成本、替美國企業創造出口機會、給消費者更多選擇，並藉由開放交流商品與構想來激發創新。

但在現實生活中，貿易政策難以被有效管理。一部分是因為貿易的結果通常是「**一大群人獲得很小的利益，但有一小群人負擔極大且清晰可見的成本**」。打個比方：進口外國貨的話，將讓一種數千萬美國人都在使用的家電產品降價二十美元，但這樣也會讓一小群生產家電的勞工失業。

傳統的經濟學家會指出，這種取捨的結果是淨收益。行為經濟學家（他們主張人類重視「避免損失」更勝於「獲取利益」）會說，這種情境沒那麼單純。至於政治人物（民眾不會將便宜的家電歸功於他們，卻會因失業歸咎於彼），或許會主張貿易的成本大於利益。

對我來說，解決之道既不是「放棄貿易」也不是「無視貿易的成本」，而是**設法用各式各樣的計畫，盡可能將成本降到最低**。持平看待過去數十年來的貿易政策，我們會發現自己在這方面的努力非常不足。我們必須更加努力，幫助那些因為貿易和科技流離失所的人，讓他們重回工作崗位、享有合理的生活水準，這樣就能提高我們的人口生產力、改善經濟成長，並促進普遍的經濟福祉——同時大幅改善貿易的政治面。

2 編按：曾任許多民主黨黨員顧問，後來被拜登總統延攬為經濟顧問委員會成員。

我們也應該要採取措施，確保貿易利益不會被人刻意膨脹。如果置之不理，其他國家就會採取不公平的競爭，藉由藐視國際貿易準則來降低它們的生產成本——例如政府慷慨補助特定商品的製造商。短期內，美國消費者可以買到更便宜的進口品。但長期下來，這樣將會扭曲全球經濟條件，導致有心人士掏空我們在該商品上的生產力。接著，當我們不再有競爭力的時候，起初降低成本的國家就會哄抬價格，進一步傷害美國消費者。

其他國家也可能藉由遵守較低的勞動和環境標準，來降低商品的成本（相對於我們而言）。我非常支持勞工權利和環境保護，然而，**是否要將勞工權利和環境條款直接納入貿易協定，早就是個爭論已久的主題**。

理論上，沒有國家會因為較低的環境標準或較差的勞動法（例如不公平的削弱勞工集體議價的能力）而獲得貿易優勢，另一方面，我們也不太可能利用貿易協定，將其他國家的標準提高到跟我們一樣。就算美國拒絕貿易談判，也無法阻止其他國家簽訂貿易協定，它們只會跟其他夥伴們安排好關稅優惠，然後將我們排除在外。

政策制定者必須處理的複雜結構性議題非常多，監管政策和貿易只是其中兩個例子。包容性成長除了要處理本書中討論的許多議題（例如改革刑事司法體系、降低氣候變遷的風險），它還必須延伸到其他領域，例如K-12教育政策[3]和籌資；訓練計畫，讓我們的勞動者能在二十一世紀做好準備；克服貧窮；改革移民制度，引進對我們經濟貢獻良多的勞工，同時創造取得公民權的管道等。

當然，就算政策制定者全心全意支持包容性成長（透過擴張的公共投資、明智的財政政策、針對結構性議題的行動），經濟政策的制定仍是頗具爭議的主題。哪些事情市場本身就可以做好，哪些事情它們做得不夠？公共投資應優先投資哪些領域？我們應該投資多少？應該付出什麼代價？結構性改革能怎麼解決市場力量造成（或留著沒解決）的重大挑戰？減少貧富差距的最佳方法是哪些？

這些問題都沒有簡單的答案。就算大家都以理性、誠實、嚴謹的態度，以及最好的政策制定流程來處理這些主題，**不同的人還是會造成不同的結果，但至少我們能把問題問對**。而且我相信，假如拋開過於簡化的標籤和意識形態分類，並專注於希望達成的目標，我們將會找到更多有共識的領域，與互相讓步妥協的機會，這些都將比目前的政策辯論更有建樹。

3　編按：K-12教育，指從幼兒園（kindergarten）到十二年級（相當於臺灣的高中三年級）的教育。在美國，此年齡段為政府提供的免費義務教育，也可以選擇另外收費的私立學校。

第 10 章

我喜歡問，令人討厭但很重要的「基礎問題」

雖然我們不必贊同那些意見，但必須承認它們存在——在某些情況下，我們還要考慮怎麼將它們納入決策因素。問基礎問題，除了能協助我在人權這類領域形成意見，也給了我彈性，讓我能隨著時間，改變或進一步發展這些意見。

我們都同意希特勒是邪惡的化身。但我想問個不一樣的問題：

我們的看法有客觀證據嗎？

問出這個問題，很可能會讓你被討厭，尤其是在一九六〇年代初期，第二次世界大戰結束不到二十年時。當我在法學院念書的時候，我經常在學生休息室問這個問題，以及其他類似的問題。有些同學很樂意跟我討論這些主題，但有些同學則似乎對這些答案明顯的問題興趣缺缺。

就算會議室內全是深思熟慮的人，我還是發現，很少有人問出這種定義性或哲學性的問題。例如柯林頓在白宮執政時，有一次總統的顧問聚集在羅斯福會議室，討論跟都市政策有關的議題。不同的人提出了不同的想法：該怎麼支持城市？該怎麼讓城市經濟成長？怎麼為城市提供足夠的社會服務？那次的討論非常熱烈，跟平常一樣，但最後我舉起手來。

「我們說的『城市』是什麼意思？」我問道。

我在白宮西廂得到的反應，很可能跟本書讀者的反應一樣。有些人好奇我為什麼問這個問題；另一些人或許覺得這個問題根本無關緊要，或答案已十分明顯。但接下來，我們還真的開始討論起了「城市」真正的意義：我們是在講大都會地區？市長和市議會治理的地區？人口稠密的地區？還是根據國家所建立的準則，被歸類為城市的地區？

到頭來，都市政策的最佳做法，有很多方面都取決於一個人對「城市」的定義。但不知道原因是什麼，我們在羅斯福會議室開會的時候，都跳過了這個步驟。我們正在參與茲事體大的政策辯論，卻沒有明確定義我們在辯論什麼。我認為這種事情發生的次數，遠比大多數人意識到的更加頻繁。即使是那些決策流程穩健、理性，又嚴謹的人，都經常跳過這個有時很關鍵的步驟：**問問基礎問題**。

把概念定義清楚，方向就明確了一半

基礎問題並不一定是必要的。事實上，大多數既思慮周延又有見識的決策，都是在沒有基礎問題的情況下做出來的。但當基礎問題很重要的時候，通常表示，**它們是決策流程的關鍵**。在這些情況下，追根究柢是非常實際的做法。它能幫助你形成更好的判斷，並且更能好好主張你形成的判斷。假如在這些情況下不問基礎問題，那麼在不穩固的基礎上，就會產生高風險的辯論，進而做出高風險的決策。

沒有核對清單能夠確定何時基礎問題會派上用場，但當你在做重大決策時，非常值得停下來問自己：「我們有沒有該問的基礎問題？」

有許多理由會使基礎問題被忽略，即使問這些問題可能對決策者來說非常有幫助。首先，**基礎問題可能會令人們很挫折**，因為這些問題通常會將看似直截了當的共識，轉變為複雜的主題及耗費時間的討論。回到我在羅斯福會議室的例子，假如兩個人都認為紐約和底特律都是城市，他們可能就覺得不必再深究了。

問基礎問題有時也會被視為陳述意見，而不是提出討論話題。我在念法學院的時候，曾問過我們是否能夠客觀證明「希特勒是邪惡的」，但我並不是在表達我自己對「他是否邪惡」的看法。就跟大多數人一樣，我認為希特勒是個邪惡的傢伙。不過，我們仍有可能既抱持堅定的信念，卻又願意審視這個信念，而且這種心態通常都很重要。在這個例子中，我正在嘗試提出這個問題：我們說「某人很邪惡」到底是什麼意思？

最後，決策者經常忽略基礎問題，是因為他們認為自己沒時間應付這些問題。「什麼是城市？」這個問題聽起來就像法學院學生休息室內的人會問的，而且或許不是巧合。在羅斯福會議室（或其他討論高風險決策的地方）開會的那種人，大概也會覺得他們的時間最好花在更緊急、具體的事情上。

雖然我認為有很多原因讓人經常忽略基礎問題，我依然認為在少數但極重要的情況下，忽略它們是錯誤的。

當然，**這本身又浮現出一個基礎問題：「基礎問題」到底是什麼？**

我會將基礎問題定義為：「探究平常不會討論的議題，但我們的討論都是以這個議題為基礎。」從這個定義來看，基礎問題有幾個特色。

首先，基礎問題**擴大了對話的廣度和深度，卻仍然與手上的決策有關**。「什麼是城市？」是個實用的問題（不只是有趣而已），因為這個問題與討論的脈絡——都市政策——相符。

基礎問題通常都偏向概念而非具體細節，但它們不會太偏離實務面的細節。幾年前，有位知識淵博的哈佛教授告訴我，科學家認為：我們所感知的現實是否真的存在，就終極且形而上學的角度來說是無法證實的。

這種探問確實挺有趣。但是「假如我們感知的現實並不真的存在，那會怎麼樣？」，對於大多數討論來說都不是實用的問題，無論我們有沒有思考這個問題，我們在現實中做出的決策都一樣。

基礎問題的另一個定義，在於提問者的態度：他是**既嚴肅又真誠的探究這些問題。他並不是把這些問題當成修辭手法**。假如有人問一個問題，只是為了證明他有多麼聰明、炫耀他想到別人沒想到的事，或阻撓別人的主張，那麼這個問題就不太可能產生有效的討論。可想而知，大家可能會覺得這個問題很惱人。

又是令人討厭（但真的很重要）的問題

約翰．懷特海德在格斯．李維過世後，成為高盛的共同高級合夥人，他似乎很了解商場上基礎問題的價值。他經常問道：「我們這個產業的目的是什麼？」接著他會解釋他自己的看法：金融部門是資本提供者與資本使用者之間的媒介。

有些人會贊同約翰，有些人則不會。但無論你的答案是什麼，假如你對金融市場與影響它們的政策有興趣，那麼這個問題就很重要。就拿監管這個議題為例。我之前提過，我非常支持金融部門的有效監管，包括用來限制槓桿的保證金要求和資本適足要求、衍生性金融商品的監管、公司資訊揭露，以及消費者保護。而且我也認為，只要你對於金融市場的目的有自己的看法，你就能夠設計法規來達成這些目的。

在其他情況下，基礎問題可能會**揭穿或挑戰原有的假設**，即使這些假設是一群思慮非常周延的人想出來的。二〇一三年，前英國首相戈登·布朗（Gordon Brown）邀請我加入他主持的人權委員會，這個委員會由紐約大學（New York University）贊助，卡內基基金會（Carnegie Corporation）的英國信託也有出資一部分。我一直都覺得這位前首相既聰明又深思熟慮，所以開心的答應了。他集結了各路菁英來參與這個委員會的計畫：重新檢視一九四八年的世界人權宣言，並提出方法來將它更新得更適合二十一世紀。

這個委員會經常透過電話和電子郵件交流，然後偶爾會見面開個會。大多數成員花在思考人權的時間都遠比我還多，而且我覺得我們的討論既熱烈又發人深省。

與此同時，我記得自己有種強烈的感受：有件重要的事情被當成理所當然。有許多主張關於「上網是否算是人權」、「休息和休閒是否算是人權」之類的議題，隨著我們持續討論下去，我開始覺得，必須問一些更全面的問題。我們的報告初稿在內部傳閱之後，我寫信給委員會問道：「什麼是人權？人權是從哪裡來的？人權的終極意義是什麼？人權是以什麼為基礎？」

我們這個團體裡有許多成員樂意思考這個問題，但有些人可能覺得我有一點冒昧。

不過，雖然我知道我的問題很挑釁，但我的目標並非如此。例如，我想像參與討論的每個人都同意，上網是一種利益，應該要盡可能讓越多人享受到，而人人皆可上網，將會對社會造成更廣泛的利益。但上網是人權嗎？這個問題值得討論——然而，假如我們沒有先檢視「人權是什麼」或「人權從哪裡來」，我們就很難有效的討論這個問題。

我猜有些人聽到我問：「什麼是人權？人權從哪裡來？」他們可能會以為我並不強烈支持人權，但事情並非如此。我認為人權非常重要，政府應該保障人民的權利，而且政府、非政府組織和國際機構都應該要促進世界各地的人權。與此同時，正如我對這個團體提出的問題所表明的，我認為**人權的基礎是主觀的、而不是客觀的**。就我看來，人權不是上天決定的，而是人類自己構成的。我支持人權，是因為我想這樣生活，而且我覺得社會應該就該是這個樣子，而不是因為人權獨立存在於討論與定義它們的人之外。

我的意思不是說「人們不應該對人權的本質，抱持或提倡強烈的看法，無論這些看法來自哲學取向、宗教信仰或其他任何地方」。我認為有些人的錯誤之處在於，他們以為自己的道德標準是舉世皆知、不言而喻的。**一個人就算非常有信心、認為自己的看法是對的，還是能夠承認別人有不同的看法**。

決策流程應該要納入以上這件事實（人們有各式各樣的觀點）。以人權委員會為例，我們希望擴充世界人權宣言，讓它能更加保護世界各地的人權。這意味著我們的問題不只是「人權委員會的成員相信什麼」，更重要的是「不同國籍、宗教、觀點的人相信什麼」。就我看來，雖然我們不必贊同那些意見，但必須承認它們存在——在某些情況下，我們還要考慮怎麼將它們納入決策因素（哪些事情要包含在我們的人權概念中，哪些又不包含？）。

問基礎問題，除了能協助我在人權這類領域形成意見，也給了我彈性，讓我能隨著時間，改變或進一步發展這些意見。十年前我會說，雖然人權對於保護國民來說很重要、雖然其他國家侵犯人權的情況很悲慘且值得反對，但世界各地的人權狀態，並不會有意義的影響美國的國家利益。

然而，現在我的看法已經改變。過去數十年來，大國家（俄羅斯、沙烏地阿拉伯、中國）的人權紀錄已越來越糟糕。現在我覺得**削弱人權，將會對美國的國家安全造成風險**，而且比較尊重人權的世界強權，危險程度會比那些不尊重的還低。我也認為，我們已經有（而且未來也會繼續有）更大的機會，與那些共享人權基本承諾的國家進行有建設性的合作，以應對經濟議題、氣候變遷與其他迫切的挑戰。

話雖如此，我仍然認為我們應該要務實，因為這是必要的。比方說，假如我是跟中國官員談判的美國官員，我不認為我們跟中國建立的關係是取決於它怎麼對待維吾爾族——並不是因為我同意這種對待（我當然不同意），而是因為我們幾乎沒有實際作為能夠改變它。跟中國在氣候變遷、核武、貿易與投資準則上，建立有建設性的關係，才符合我們的私利。但我確實認為，我們應該務實的看待這個問題：「我們是否要影響中國，使其改變對維吾爾族的政策？我們能影響多少？」而如果中國真的有所改變，那就會替有建設性的關係打下更好的基礎。

最後，我認為你只要有思考過基礎問題，你就能夠**更有效的提倡自己的論點**。假設我即將與某國家的高級官員會面，而這個國家的人權紀錄很差，那麼我們很可能就會談到人權這個話題。假如我是道德絕對主義者，那麼我主張尊重人權時，無論我表達得多麼深切，在對方耳中大概都會像這樣：「我們應該要尊重人權，因為尊重人權很重要。」

廣泛的共識，也須經基礎問題審查

另一方面，我既認為道德觀很重要，也認為道德觀的基礎是主觀的，而不是客觀的，因此我會更有動力準備更加完善的論點。我可能會試著召集一群人，他們對「人權的歷史」、「人權曾為美國帶來什麼利益？」、「人權在另一國家的歷史上為什麼曾經存在或不存在？它們曾為這個國家帶來什麼利益？」都有廣泛的看法。接著我會盡可能讓自己做好準備，提出這樣的主張：「尊重人權」既是對錯問題，也是跟國家私利有關的事務。我不知道在這種假設情境下，我有沒有說服力——但我確實認為，**我會比「認為人權是可客觀證實且不言而喻的人」更有說服力**。

而當我們的社會對於我們曾經有廣泛共識的話題，進行激烈的辯論時，基礎問題的重要性只會增加而已。

舉例來說，許多美國人（尤其是年輕的美國人）都在質疑市場資本主義的社會和經濟價值，我很少遇到一九九〇年代、甚至二〇〇〇年代初期的年輕人如此強烈質疑過。我之前就說得很清楚，我不認為懷疑或甚至拒絕資本主義的人有哪裡不對，但我認為任何審查都應該包含基礎問題，以讓自己做出更好的判斷。

以「企業在社會上扮演的角色」這個爭論為例（這也是「資本主義」整體爭論的一部分）。有些人認為大企業對社會是有益的，有些人則認為它們有害。我不是在說自己對這個問題的涉入程度，足以讓我形成可證實的正確意見，畢竟這類議題並沒有完全客觀的看法。

但我擔心的是，雙方有些人並沒有足夠深入思考一個基礎問題，就已經形成立場。這個問題是：「企業應該要扮演什麼角色？」而我確實認為，問基礎問題能讓我以更透澈、細膩的方式探討這個議題，並形成我的意見。

雖然我認為企業應該在法律限制內追求長期的獲利能力，但我不是市場基本教義者。我的看法一直都是：我們的社會如果要成功，就必須有強而有效的政府（對企業利潤與個人所得課稅，以進行公共投資；維持有效的社會安全網；面對其他挑戰）。在這樣的脈絡下，就會有非常重大的議題圍繞著「維持競爭力」、「預防詐騙」、「減少貧富差距」、「對抗氣候變遷」，以及許多市場本身無法充分處理，但政府能夠、也必須處理的問題。

與此同時，如果社會希望增加就業機會、提升生活水準、讓課稅基礎大到足以資助公共投資，並保護我們地緣政治上的利益，就必須有健全的經濟成長（搭配明智的政策）。我認為歷史和經濟理論都強烈的暗示一件事：**創造強勁經濟成長的前提之一，就是企業以增加長期利潤為目標**。

換言之，企業之所以追求長期獲利能力，是因為這樣做符合自己的利益。與此同時，當它們成功達成這個目標的時候，**也會符合社會的利益**，因為它們對整體經濟成長有所貢獻，提升生活水準，並增加政府可用於公共投資和社會安全網的收入。這些利益雖然不足以正當化企業的所有行為（企業必須在合理且適當的政策框架內運作，這些政策會監管公司、對利潤與個人課稅，並且明智的投資公共基金），但我們不應該忽視或低估它們。

我之所以認為企業應該追求長期獲利能力，也是因為我相信，企業雖然很擅長創造經濟成長，但它們在全球或全國層級上解決主要社會問題的能力，就沒有這麼好了。這有一部分是大小的問題。就算能夠影響許多供應鏈的大公司，它們所能做出的改變，相對於我們的巨大挑戰來說還是很有限。它們並沒有政府的觸及範圍和規模，也沒有手段，能夠最有效的處理我們社會上最迫切的議題。就算沃爾瑪（Walmart）或亞馬遜（Amazon）這樣的大公司，都無法對別人課稅或制定法規，或做出類似政府的公共投資。

私人企業也有一些動機，使它們難以應付國內和國際的大挑戰。它們總有強烈的動機，將投資人、股東與業主的利益置於更廣泛的社會目標之上。**許多企業宣稱自己有社會使命，但我並不相信它們願意犧牲大部分利潤來達到這個使命。**

重要的是，長期利潤動機與公共利益一致的地方，比許多人意識到的還多。例如有些公司只要改用更乾淨的能源，就能降低能源成本。有些公司可以表現出與顧客一致的價值、強化自己的品牌，進而增加收益——無論是透過執行長的公開聲明、行銷活動、社群媒體曝光，或其他方法。

近年來我也聽到企業領導者說，假如公司站在氣候變遷爭論中正確的一方，並採取行動、展現出它們對這個議題的認真，它們就更可能招募到有才華的年輕員工。在這些情況下，對氣候變遷採取行動將會符合企業的長期利益。換言之，雖然以某些形式涉入公共議題，可能會造成爭議，並傷害公司的利潤，**但以其他形式涉入公共議題，卻能建立顧客的信任、贏得社區的好感，或是為品牌創造競爭優勢。**

我也認為，在少數某些情況下（當非財務方面的考量太過重要，已經不只是程度上的差異，而是類型上的差異），企業的獲利動機可能會變成次要考量。比方說，假如我在二〇二三年初，俄羅斯總統弗拉迪米爾・普丁（Vladimir Putin）出兵入侵烏克蘭後，才開始經營一家公司，我可能就會拒絕跟俄羅斯做生意。

我猜這個決策背後，應該有許多跟聲譽相關的好理由，其中一個理由就是，公司假如助長普丁的殘暴行為和核武威脅，恐怕就會有許多員工不想來上班了。但就算沒有這些考量，普丁的行徑也確實該受到譴責，而且他的侵略對世界造成的威脅太過迫切，以至於我會破例違背我平時的看法（長期獲利動機應該會驅動企業的行為）。

但即使是這個例子，都展現出強而有效的政府有多麼重要。企業可以透過個人選擇來影響俄羅斯的經濟，或普丁的外交政策。但這些選擇，跟政府政策的影響力比起來真的微不足道。雖然我承認「企業應該追求長期獲利能力」的概念可能有例外，也承認判定「怎麼樣才算是這種例外」取決於主觀判斷，但我認為這些例外應該非常罕見。

然而，我並不認同自由主義者的看法：企業應該為了股東而將長期價值最大化，而政府應該盡可能別插手。事實上，我的看法完全相反：我認為**企業應該為股東追求長期價值，而政府應該主動去做市場不能做、不會做的事**，包括通過法案與頒布法規，以限制企業能做的事情。

換言之，我認為「企業應該有限度的解決主要的社會問題」，也認為「政府應該做更多事情」，這兩個意見是密切相關的。

在現實世界應用這個概念框架，本身就有難度。比方說，假如政府基於某個原因未能扮演好自己的角色、未能盡到主要責任，那會怎麼樣？如果企業最符合成本效益的獲利能力最大化方式（例如遊說），會妨礙政府為民眾效力的能力，那又會怎麼樣？

這些問題在過去二十年來已變得更加迫切。我對它們沒有答案，不過特定的結構性改革（例如競選財務改革）顯然是有幫助的。我也認為，雖然沒有清楚的答案，**但問這種問題，並深入思考它們，就能使決策者有最好的機會，以最有益於社會的方式處理它們**。

比方說，假如過度允許企業對政策行使影響力，就會使它們扮演不適合的角色，並降低政府的成效；由此可見，減少企業對於政策的影響力，將會符合社會的最大利益。同樣的，企業、執行長和員工，在決定是否該採取與更廣泛社會目標一致的行動時，將「功能正常的政府是否存在」納入考慮也相當合理；但與此同時也要小心，別低估企業活動激起的廣泛經濟成長，替社會創造的潛在價值。

沒有事情非黑即白，民主本身也一樣

另一個曾經塵埃落定的爭論，近年來又有了新的層面與更大的急迫性，那就是「民主制度的命運」本身。對於我們這些相信民主制度、明白保護它非常重要的人來說，只就這個話題提出一個基礎問題，可能會令我們不快。

當你問說：**「民主制度在所有局面下都是最佳的政體嗎？」**你就開啟了答案為「不是」的可能性，哪怕這個可能性很低。當今的時局下，世界各地許多國家離民主越來越遠，而驅動這個全球趨勢的力量，正在威脅著美國。所以，提出前述這個問題真的十分令人憂慮。

但我仍然認為這個問題值得一問。我非常關心如何保存民主制度，也非常擔心針對民主制度的威脅已在國內外浮現，而且我也不想活在其他任何政體之下。但既然我認為「承認人權不是上天決定的」很重要，那麼當我思考過這個概念延伸出的意涵後，我認為還有一件重要的事情：問我們自己，**民主制度是否比其他政體更好**（無論就絕對意義上來說，還是就全體默認的意義上來說）？

我相信民主制度，是因為我相信它提供最佳的機會給政府、讓政府為公共利益服務，也因為它容許基本的自由，而我不想放棄這些自由。但我的意見：民主制度優於其他體系，依舊只是意見，無論這種觀點有多麼穩固、道德和實務上的根據有多麼支持它，這都不是不容質疑的事實。

承認這一點很重要，因為這樣能幫助決策者與政策思想家思考：民主制度到底有什麼地方比政體更好？但這也會產生一種可能性：**假如我們要在「最無效的民主制度」與「能有效提供有利經濟條件和社會穩定的威權政府」之間選一個，有些人可能會選擇後者**。

我的看法是，民主制度必須有效改善國民的生活，才能獲得大眾的支持，並長期維持穩定——如果民主制度滿足這個條件，它在各種實際的理由上就遠比威權體制還好。我認為到目前為止，歷史已經證實了這件事，尤其因為民主制度跟經濟成長和普遍經濟福祉有關。民主制度本身無法解釋經濟體的成敗，而且所有民主制度都是不完美的，但事實依舊存在：擁有最高的整體生活水準、最大穩定度的現代經濟體，都採用民主制度。

在這個脈絡下，中國就是個複雜的例子。一方面，它是獨裁國家，但過去四十年來，它在經濟成長、讓人民脫貧，以及在許多領域發展現代產業等方面，卻極度成功。另一方面，它也有自己要面對的巨大經濟和社會挑戰，而且它未來的經濟成長率能達到多高，以及它是否能讓人民的生活提升到歐美的水準，都還有待觀察。

某方面來說，來自其他更獨裁國家的經濟競爭，反而凸顯出「有效」和「穩定」的方法，對於民主制度來說有多麼重要。畢竟，假如你認為民主制度一定比其他政府體制好，那麼無論其他可能存在的條件，你都很可能會覺得，面臨抉擇的國家是非黑即白的。它們會被你分成民主國家（好的），以及不民主的國家（壞的）。

但現實世界更加複雜，即使我們相信民主制度是最優越的政體。比方說，一旦我們承認「不是所有民主國家天生就能有效提供有意義的利益給它們的人民，或是度過政治動亂」，那麼當我們看到許多試著過渡到民主政府，或直接建立民主政府的國家，都無法長期維持民主，也就不會太意外了。由此自然延伸出一個實際的問題：**什麼條件更可能讓有效且穩定的民主政府興起？**

許多專家已經花了很多時間思考這個問題，並設法理解其中意涵。二〇一一年我跟外交關係協會的會長理察．哈斯聊過，當時正值「阿拉伯之春」期間，中東有數百萬人起義對抗獨裁政府。我從理察跟其他像他一樣的人那裡得到的印象是：這些運動雖然既啟發人心又充滿希望，激起大家追求更大自由與機會的願望，但它們不太可能有好結局；結果還真的是如此。但我覺得其他許多人並沒有好好權衡一個問題：「什麼條件最適合有效且穩定的民主制度」，然後就做出過於樂觀的結論。

大家對民主制度還有一種類似的過度簡化看法，其出現於九一一事件剛發生之後。既然我們承認既有效又穩定的民主制度不容易產生，也不一定受歡迎，那麼美國在二〇〇〇年代初期的行動應該更謙遜一點。但因為我們相信民主制度在客觀上是優越的（因此幾乎任何人民都可以建立並維持它），我們花了將近二十年，試著將伊拉克與阿富汗轉型成有效運作的民主國家，結果驚訝的發現，這項任務非常艱鉅。

最後，我們如果承認民主制度必須既穩定又有效，才能提供這種政體的利益（我們一般會聯想到的利益），那我們應該就能找到思考美國政府的方式。我們的民主制度在未來是否既有效又穩定，其實非常不確定。毫不意外的是，越來越多年輕人懷疑民主制度能夠實現它的承諾。此外，過去幾年來，我們遭到空前的攻擊，攻擊對象包括投票權、無黨派選舉機關、人民（不是州立法者或其他政治人物）選總統的權利，以及二〇二一年一月六日的和平政黨輪替。這一切攻擊都將我們的民主制度置於風險之中。

如果一個人假設民主制度注定是最佳的政體，那麼他就會輕易做出結論：有效的民主制度會一直無限的持續下去，因此美國民主制度的現況並沒有警訊。但這樣實在太過於簡化民主制度的相關議題，而且也可能高估了一個機率：美國的自治體系，就算沒有好好修正路線，也應該（或甚至非常有可能）能夠生存下去。**問出基礎問題並不會削弱我們對民主制度的信念。剛好相反，它應該會鼓勵我們抱持這樣的信念，更迫切的採取行動。**

其他更廣泛的基礎問題也是如此。這個世界充滿衝突，決策通常必須很快就做出來，因此你很可能會認為，思考更深度的問題（辯論前的辯論），是一種我們負擔不起的奢侈。但我認為正好相反。正因為這個世界充滿迅速演變的威脅與挑戰，我們更應該把基礎問題當成最重要的工具之一，做出正確的艱難決策。

第 11 章

你很難預測其他人對決策的反應

我們對人性的看法當中，哪一個必須是正確的，這個提案才有意義？

力行黃頁筆記法的決策者，若想完全發揮這個方法的效益，就必須問兩個重要的問題：人類在現實世界中會怎麼回應我們的決策？我們的人性會怎麼影響決策流程？

在一九八〇～一九九〇年之間，企業執行長的薪水漲了二一二%，在許多情況下，就算公司的利潤和員工薪資沒增加，執行長的薪資還是上漲。到了柯林頓總統執政時，主管的薪資就成為一大政治議題，而我們剛上任的時候，就已經在爭論是否要處理它？該怎麼處理？

當時我表達的意見是：雖然我個人認為，許多執行長的薪資比他們的績效還高，但這畢竟是私人公司的事情，政府的職責並不包含決定這些主管的薪水。我承認，縮減主管薪水在政治上應該會很受歡迎，但我認為反對薪資限制的政策主張也非常強勢，而且應該會勝過縮減薪水這一派。也有些人主張，基於政治上和實質上的理由，政府應該要親自出手、限制主管的薪水。最後，他們的看法獲勝了。總統簽署了一項法案，將企業稅的薪資支出扣除額限制在一百萬美元。

這條新規則的確對執行長的薪水造成重大影響，**但它並沒有限制所有的薪酬，只是促使企業改變薪酬的形式而已**：它們減少發給主管的現金，卻增加了股票選擇權——這東西並沒有包含在新稅制內。如果市場正在成長，這些選擇權的價值通常會比其原本的薪水更高。這項政策本來是要限制主管的薪資，結果反而讓他們的薪資加速暴漲。從一九九五～二〇〇〇年，多虧了股票選擇權的普及，美國上市大公司執行長的每年平均薪資，成長了二六〇%。同一時期，**勞工平均薪資只成長了五．六%**。

我們對於主管薪資的辯論相當嚴謹，過程中甚至有人指出，企業可能會增加股票占員工薪酬的比例。但回顧過去，就我記憶所及，參與這項決策的人當中，沒有人預測到企業會用這麼多選擇權當作主管的薪水，或者繁榮的股市（伴隨選擇權的使用頻率增加）可能會擴大高階主管和一般員工之間的薪資差距。

提議改革稅法的人，當然不明白會發生什麼事。但反對這項決策的人（包括我）也有同樣的疏忽。假如我預測到薪酬的新規則，很可能會加速主管薪資上漲，我應該會把這一點納入我的反對理由，但我永遠無法預測到真正發生的後果。

柯林頓執政時，聚在一起討論主管薪資的人，在許多方面都採用了我在本書中再三提到的黃頁筆記法：召集看法不同的人、試圖衡量成本和效益、以理性的嚴謹和正直來處理複雜的議題，以及估計機率和結果。但我們不夠專注於一個關鍵問題：**假如我們將企業支付給員工的年薪限制在一百萬美元以下，這些企業會想做什麼事（無論對錯）？它們可能會怎麼規避這個規定？**換言之，我們運用了比喻上的黃頁筆記。但結果令我們很意外，因為我們漏了一件重要的事。

這件事最恰當的形容方式，叫「人類因素」——人類的心理、人類的行為，以及人類的天性，都會改變特定結果的發生機率。假如力行黃頁筆記法的決策者，想要完全發揮這個方法的效益，那麼他們就必須問兩個重要的問題：**人類在現實世界中會怎麼回應我們的決策？我們的人性會怎麼影響決策流程？**

人性的弱點：忽略其他人的自私

決策者在評估選項與估計機率時，經常會忽略人類因素，而我並不意外。當我的生涯開始起步時，問「心理」和「心理與行為的關係」這方面的問題，通常被視為純粹的腦力鍛鍊，屬於詩人和哲學家的領域，跟現實世界的組織領導人無關。雖然最近數十年來，行為經濟學家已系統性的探討過這些問題，但決策者還是經常沒有足夠深入的思考它們。一部分的原因或許是，人在回答這種問題的時候，**不可能有十足的把握**。

但我認為，如果決策者希望做出最佳選擇，就必須處理人類因素（儘管它本質上是不固定且不確定的）。

在此舉個問題為例：人與社會的動機比較偏向哪個欲望？促進更大的利益，還是促進自己的私利？這個爭論永遠都無法完全解決：人類不是非黑即白的，因此我們無法證明任何特定看法是正確的。但我認為，任何人只要想評估不同的路線並做出選擇，那麼他就得好好思考這個問題，並且對此發展看法。

我的看法是：雖然我這輩子認識很多相對無私的人，但大多數人類還是認為自己（或所屬群體）的私利優先於促進更大的利益（或者他們把私利跟更大的利益混淆在一起了，這是很常見的情形）。

況且，假如回顧歷史，那些擁有手段和不受約束之能力的人，明明能促進更大的利益，卻經常採取行動去利用、征服、鎮壓與剝削別人。人類過去的紀錄中，充滿了大量對同類的殘暴行為。

人們（即使是有善意的人）也會以間接的方式將私利擺在優先位置：對那些有需要的人表現出某種程度的冷漠。據我所知，我認識的有錢人（包括我）當中，沒有人的慈善捐款多到對自己的生活方式產生實質的負面影響。已開發國家的大多數人（不只是最有錢的人，而是大多數收入並不差的人），其實可以付出更多心力處理國內外的貧窮問題，或是敦促他們的民意代表支持更多外援與人道援助。我們有許多人關心更大的利益，而且非常慷慨，但我們的行動（或缺乏行動）意味著，**至少在這方面，我們把私利看得更重**。

有些人為了確保他們認為的私利，就會傾向採取不道德，甚至違法的行動。我猜在金融市場中，假如沒人有權力或可能性去追究別人的責任，那就會有更多人參與詐騙或其他舞弊行為，只為了賺更多錢和發展生涯。這將會對整個金融產業與社會造成重大問題，因此我認為有效的監管對這個產業非常重要。如果沒有清楚的規則，也沒有強制執行這些規則，那些行為不守規矩的人，就會明顯比守規矩的同事更有優勢，而他們的行為會削弱民眾對市場的信心。

我無法客觀的說我對人性的看法是對是錯。我只能說，你只要仔細思考一個人的無私動機跟私利動機哪個比較強烈，應該就知道他會做出什麼決策。評估行動方針提案的時候，決策者應該問自己：「**我們對人性的看法當中，哪一個必須是正確的，這個提案才有意義？**」

假如某個行動方針只有在「人們行為無私」時才有高期望值，而你又認為人們的動機傾向追求私利，那麼就應該尋求不同的行動方針。當然，這個道理反過來也說得通。

由此可見，做決策之前，先問這個決策代表哪種隱含的人性觀點，以及這個觀點是否與你自己的觀點相符，將會大有幫助。回想起來，柯林頓執政期間，我們在爭論主管薪資時，就沒有做前述這件事。

政府選了一個狹隘的方法處理這個議題（對薪資採取稅務罰則），這表示政府隱含的立場是「企業不會尋找新方法來增加主管的總薪酬，藉此追求它們認為的私利」。我覺得這似乎不是非常務實或透徹的人性評估——也得承認，這是在事後諸葛罷了。

假如我們沒有忽視人類因素，就能更認真的問自己重要的問題。企業設法規避這條新規則的機率有多高？一家想要規避這條新規則的企業，會怎麼辦到這件事？如果我們知道這回事，可以做什麼事來彌補潛在的漏洞？但我們沒問這些問題（至少沒有認真問這些問題），結果就沒有達成當初立法的目的。

一個人對人性的看法，也會影響他在組織內傳播原則與文化的企圖心。我剛進高盛時，格斯・李維堅決認為公司應該要把所有客戶視為合夥人，總是給他們最完整、最誠實的建議，並且為了他們的利益而行動。他其實可以用無私的語句來表達這些想法（例如「公平對待每個人」）。但他經常講的一句話，反而隱約透露出他對人性的不同看法：「**長期之下，別自私。**」

格斯並沒有以對錯來表達他的勸告。但他說的話帶有一種影響力，就連最偏激的道德主義者都可能會認同。舉個例子，假設客戶不知道是否要進行某項交易，於是請交易員指點迷津，而交易員認為這項交易並不明智。假如他只想到短期利益，那麼最佳行動方針就是推薦客戶交易，以賺取手續費。但是在長期下來，**即使賺不到手續費，他也最好給予客戶明智的建議，進而加深彼此關係、建立信任，如此一來好幾年他都有老主顧的生意可以做**。而且同樣重要的是，這樣做對得起你自己的良心，你會覺得自己做了好事。

格斯把重點放在長期，是以另一種重要的角度來處理人類因素。個人與組織的自然傾向，就是經常過度重視短期發展。企業面臨市場、投資人與其他力量的壓力，下一季的績效必須優先於長期的績效。基於股市的現實狀況，一家公司可能很難拿捏該怎麼抗拒這種壓力，若要盡可能應付這個挑戰，就需要謹慎且徹底思考過的溝通策略，以及其他許多東西。但假如企業的規畫能超越短期的眼界，就能提高他們長期達成高績效的機率。

同樣的動態也適用於政府與政策制定。決策者有連任的動機，所以會實施立刻花錢的計畫，然後把付款的問題丟給未來某一任官員，而且很不幸的是，政治通常都是這樣運作的。但這種決策可能適得其反，讓政府很難在長期發揮成效（此處的挑戰，同樣是盡可能發展出引起政治共鳴的溝通策略）。

格斯的格言就是在制止一種自然傾向：**過於在乎「不久的將來」，卻不夠在乎「長期」**。這很重要，因為機率性方法應該尋求的正是長期期望值最大化。「時間長短」是決策者必須討論與判定的議題之一。「什麼決策可能會產生最佳結果？」這個問題有一部分是在問說：「時間有多長？」假如決策者忽略後面這個問題，就會產生一個風險：他們的思考都是從短期出發。

當然，長期期望值最大化，通常都牽涉到立即行動——但就算在這種情況下，也應該要適當權衡長期發展。在此舉一個好例子：二〇二〇年（新冠肺炎疫情剛開始不久後）通過的赤字資助刺激措施與救濟法案。我支持這個法案，因為我認為它會緩和很多痛苦；此外我也主張，就財務政策而言，雖然救濟計畫可能會增加我們的赤字或負債，但假如沒通過救濟法案而造成經濟危機，就會更加提高我們長期的債務占GDP比例（問題依然是「我們是否有財政紀律，在時局變好時用盈餘抵銷赤字」或「我們是否會繼續維持龐大的赤字」）。

選票隱含的瑕疵：人們不理性的關鍵

另一個跟明智決策有關的人類因素，牽涉到對理性的判斷：**人們有多麼理性或不理性？哪些方面理性或不理性？**

決策者應該試著讓行為盡量理性——這也是機率性思考的重點。但決策者也必須承認大多數人、大多數群體的行為，都不純粹是理性的。或是稍微換個不一樣（或許更準確）的說法，人們對於「什麼是理性的，什麼是不理性的」，意見經常不合。

我記得我剛進高盛時，理查・門謝爾給了我非常好的建議：「**永遠不要攻擊別人心目中的神。**」理查不是在講宗教，而是在講人們更廣義的身分認同感。假如人民認為改革會威脅到他們的身分，就會抗拒這個改革，即使它能夠以更具體的方式讓他們獲益良多。

我在生涯中遇過幾次這種現象。我在柯林頓政府任職時，向金・泰勒[1]（Gene Taylor）提出一個問題：為什麼他的選民這麼在乎槍枝？他的答案完全沒提到打獵、自衛，或其他主張「槍枝所有權的利益大於風險」的態度。

「你不懂啦，這是我選區的頭號議題！」我沒有完全記住他說的話，但他的解釋是：**槍枝所有權幾乎跟宗教一樣，是選民自我意識的基礎**，已經超出直接的分析領域。

我的自我意識並非來自於此，但我認為金．泰勒形容的態度非常像人類：我們都有自己心目中的神。如果你去攻擊這些神，就會讓改革更困難。

有時候，你不得不走那條困難的路。但假如決策者選擇的行動方針，既能尊重人們的信仰、承諾，以及自我意識，又能追求重要的改革，那麼這個選擇就更加明智。

改革幾乎總是需要對方贊同，無論對方是員工、股東、一般民眾，或其他群體。一位參議員曾跟我聊過他很久以前認識的一位財政部長，那時我還沒進政府任職。這位參議員告訴我，那位財政部長來到國會山莊，跟參議院財政委員會開會，然後說道：「這些是給你們的指示。」可想而知，這樣讓參議員們很不開心。即使參議員認同政府的政策議程，但大多數參議員都非常在乎自己的角色——他們也是政府的部會之一。如果那位財政部長有意識到這件事，會議應該會更有成效。如果他不是直接宣布命令，並希望美國參議員照著財政部指示去做，而是對參議員說：「這就是我們認為應該要做的事，而我們的理由如下……」，結果應該會更好。

描述改革提案的方式也很重要。例如，你可以承認一個特定議題對於其他人身分的重要性，再主張你自己的立場。在其他情況下，你甚至可以做出有意義的讓步，只為了避免挑戰某人很深的信仰。

1 當時他是密西西比州的民主黨眾議員，後來在二〇一一年未能連任，接著轉而投效共和黨。

決策者應該更進一步，在判定期望值時，將「完全的理性並不存在」（或「理性並沒有全體一致贊同的定義」）這個因素納入考慮。

不久之前，我跟一位民主黨國會議員見面，他曾在海外擔任國安職位。他告訴我，他覺得自己的背景**不但讓他免於遭受政治面的攻擊，還提高他當選與連任的機率**。我猜他是對的：有一小群選民（但很關鍵）本來要投給共和黨，後來卻可能考慮投給他，主要就是因為他有國安背景。我認為這就是選民有些不理性的地方，就我看來，雖然國安經驗很寶貴，但兩黨的議程實在差了太多，選民居然只因為這個理由而轉而支持另一黨，未免太不合理。

但我在選擇該資助哪個候選人，或初選該投給哪個候選人時，也會將選民不理性的可能性納入考慮。我傾向支持「我大致上同意他的看法，而且覺得他更可能當選」的候選人，勝過「我更同意他的政策，但我覺得他當選的機率較低」的候選人。換言之，考慮過人類因素之後，我會接受比較**沒那麼正面，但發生機率較高的結果，因為它的期望值比較高**。

或許有些人會指控我，我這樣做決策是在背叛自己的原則。或許有些人會準確的指出，「當選機率」在以前曾經被當成反對女性和有色人種競選的藉口，因此他們非常懷疑這個概念。但我不認為「考慮期望結果的發生機率，並承認這個機率受人類心理的影響」是在背叛自己的原則。事實上，我的主張是：假如決策者沒有考慮人類心理，並假設人們會理性行動（至少就他們的定義而言），那麼他們做的決策就更不可能達到希望的結果。

我擔心選民用來判斷「具有影響力的政治人物是否會當選」的基準，是自己的偏見，而不是既真誠又周延的機率評估；我認為這件事值得認真看待。但解決之道並不是「無視關於機率的討論，只因為它們的角度是錯的」，而是「以正確的角度進行這些討論」——秉持誠實、嚴謹與紀律。決策者必須對機率做出最佳的判斷，而如果要辦到這一點，他的態度就必須既理性又正直。這可沒有捷徑或替代方案。

人最大的弱點：忘記自己也是人

決策者另一個必須考慮的人類因素，是要**記得他們自己也是人類**。他們做決策的時候，會被自己的心理給影響，而且應該要思考這種心理有什麼意義，以及它對他們的決策有什麼意涵。

例如，我們大多數人（即使是那些最致力於機率性思考的人）都傾向於把熟悉的事情視為理所當然。你會很輕易採取某個行動方針，並不只是因為你有信心能夠改革，而是因為你有信心能夠維持現狀。但無法預期的發展就是會發生，而且它們發生的次數比許多人意識到的還頻繁。

其中一個理由是，**你很難預測其他人**（被他們自己的心理給影響）**會對一個人的決策做出什麼反應**。我記得高盛有一次讓一位非常能幹的合夥人加入管理委員會，結果公司內另一位高級合夥人（雖然也非常能幹，但我們沒有讓他加入委員會）立刻走進來，表示他被冒犯，然後就辭職了。假如我們事先知道，晉升一位合夥人會導致另一位辭職的話，我不確定我們的做法是否會有所不同，但我們沒有充分考慮這個可能性。而根據我的經驗，「沒有充分考慮」是很常見的問題。大多數人都傾向低估其決策的漣漪效應。

我也看過一個相關問題：決策者正確預測到各式各樣的後果，但他們**遠遠低估了後果的嚴重性**，結果就好像發生了意料之外的事一樣。例如柯林頓執政期間，我們（正確的）推斷新的貿易協定和技術自動化，將會創造極大的利益。與此同時，我們也承認貿易和技術可能會破壞地方的經濟，讓許多人薪水減少或失業。柯林頓總統透過演講來提倡貿易自由化的時候，就有談到這些挑戰。

不過，雖然我們的看法是正確的（貿易和技術的淨效益將會遠勝成本），但成本還是比我們預期的還高。如果時間足夠的話，我們會嘗試一些方法來抵銷對就業機會和薪水的負面影響，例如擴大社會安全網、提高最低工資、進一步擴大與增加勞動所得稅收抵免，以及多加投資職業訓練、終身學習和就業安置等計畫。這屆政府甚至還發展出詳細的提案來處理這些議題，但在我們失去國會控制權之後，就再也不可能將這些構想付諸實踐。

這兩個案例（高盛提拔合夥人加入管理委員會、美國政府評估貿易政策以及技術創新的效應）是非常不同的決策類型。但在這兩個案例中，**我們都做了一組隱含的假設，認為未來某些事情會維持現狀，結果這些假設都是錯的**。我花了大半輩子思考、談論與撰寫「沒有事情是確定的」這個主題。但即使是承認「不確定性無所不在」的人，也經常低估事情真正的不確定性。

你至少有兩種方式能夠彌補「把熟悉的事情視為理所當然」的本能，並且預先制止意料之外的發展以及無心的後果（它們是經常發生的結果）。

第一，除了你起初認為必須做的事，你還得多下功夫，才能更完整預測將來會發生的事。前文提過，會議或團體包含各種不同觀點和意見的人非常重要。但同樣重要的是，要鼓勵所有團體成員延伸他們的想像力，並自問他們**是否真的考慮過所有潛在結果**。有時答案是肯定的，但有時候你會發現，你的期望值表格並不完整，因為有個發生機率很高的結果，卻被漏掉了。

例如，如果要顧及美國人民的需求，美國經濟就必須有重大的改革。但除了其他許多事情，我們依然需要更好的計畫，幫助被科技和全球化取代的勞工，在我們的經濟體中重新找到定位。我們也必須改善社會安全網、確保勞工有足夠的能力選擇集體議價，以及減少貧富差距（方法有兩種，一種是提高低收入人士的所得和淨值；另一種是增加公共投資，同時提高富人稅來減少赤字）。

不過，基於許多因素（包括彈性的勞動和資本市場、創業家文化、大量天然資源、開放移民的傳統、法治、大學的堅強實力及它們將研究成果商業化的能力、比其他已開發國家更有利的人口年齡分布），如今的美國人已經體驗到動態的經濟文化，以及隨著時間穩健成長的經濟（儘管仍有非常嚴重的問題）。但在考慮哪些方法能順應二十一世紀的經濟需求時，我們必須小心，不要把這些優勢視為理所當然，否則我們會失去這種經濟動態，以及它們協助創造的經濟成長。

我認為政策制定者與提倡者，經常都沒有考慮到自己可能把熟悉的事情視為理所當然，因為這樣，他們或許忽略了自己的提案可能造成的負面經濟衝擊。在許多情況下，一個特定政策決策的風險很低，不太可能危害我們經濟面的成功，但只要嚴謹的辨識風險較高的情況，決策者就有兩條路可以走：**第一是接受後果，設法減輕風險；第二是採取另一個期望值更高的行動方針**。

我不認為市場經濟是神聖的，儘管我非常相信這個體系。人們應該要能夠自由且有力的爭論它、對抗它、審視它的缺失，然後盡可能想出最好的改革方式。

由於我們的社會利益分配非常不公平，許多人被拋在後頭，因此上述這種辯論的重要性尤其明顯。但即使在這種脈絡之中，我認為那些想要廢除（而不是改善）市場經濟體系的人，低估了它的整體利益。

我們必須弄清楚該怎麼處理經濟與社會方面的不足之處，卻又不會失去我們的基礎實力——畢竟它為我們所有人創造了這麼多潛力。

人性之外：總會有意外發生

決策者還有第二種方式能夠對付「將熟悉事物視為理所當然」的自然傾向，那就是承認一個事實：即使你事先就試著找出並分配所有結果的發生機率，**事情發展出乎意料的機率仍然比大多數人認為的還高**。

一般來說，黃頁筆記的計算方式是將特定機率分配給特定結果，而所有機率加起來是一〇〇％。但你不妨分配一些機率給一個更模糊的結果：「發生其他事情」。

「發生其他事情」的機率很可能比大多數人原先認為的還高。每個人的思路都不一樣，但一般的法則是，假如你原本認為「發生意料之外的嚴重後果」的機率是一〇％，你最好假設自己低估了這個機率，因為大多數人都是如此。預期「出乎意料」的事似乎很矛盾，但是承認「事情出乎意料的機率高於預期」，不但符合機率性思考，也是有效決策的關鍵所在。

你很難針對這些出乎意料的後果與發展來擬定計畫，因為你不知道它們到底是什麼。但只要把出乎意料的可能性估計得更高，至少做決策時，就會抱持著適度的謙遜和審慎。

舉例來說，柯林頓總統卸任後，美國有非常多的預算盈餘，而且未來應該也會有不錯的盈餘。本來有一個方法，是將大部分的盈餘拿來償還美國的債務、增加公共投資的能力，並改善我們回應未來衰退的能力。但下一屆政府沒有採用這個方法，反而主張我們的財政狀況很不錯，而且很可能會維持一段時間，所以我們應該能夠負擔得起大幅減稅。

我自己的看法是，「還債」的經濟論點比「減稅」還有力，而我在《紐約時報》的社論對頁版中盡量表達了這一點。但撇開這個爭論，九一一恐怖攻擊之後，我們的財務狀況嚴重惡化——當初如果沒有大幅減稅的話，就不會發生這種事。我們不能怪政府的經濟政策團隊沒有預測到未來，但他們的論述和行動，都透露出他們過於自信，認為柯林頓時代的預算盈餘很可能持續到未來。

決策者還有一個方法可以彌補他們的人性，就是**承認他們傾向於二元思考而不是統計性思考**。就某些方面來說，統計性思考只是機率性思考的延伸。雖然是非題單純且易於處理，但處理問題的方式若是基於機率或百分比判斷，就能提高你做出最佳選擇的機率。

除了避免是非題，統計性思考的另一個重要層面，就是謹慎檢視數字的意義。有個特別常見的錯誤，就是**只專注於分子，卻忽略了分母**。舉例來說，新冠病毒疫苗問世之後不久，人們經常發表這樣的文章：「有X個接種過疫苗的人感染新冠病毒」，卻沒講清楚總共有多少人口接種過疫苗。少了分母，分子就只是偽裝成資料的小道消息。

如果要應付人類二元思考的傾向，最好的方法就在決策流程中直接處理這個傾向。如果有人提出一個是非題，他們應該想想看：改成提出一個程度性問題是否更有成效？當聽到別人以數字來佐證自己的論點，一定要思考：是否需要分母？分母會讓大家對分子的解讀改變多少？數字和統計數據，對於決策都是至關重要的工具，但假如沒有謹慎分析它們，它們就會提供錯誤的安心感和確定感，而不是提供實用的資訊讓你估計結果和機率。

漸進，已經被躍進取代了

俗話說：「改變是唯一的不變。」但是近年來，我們體驗到的變化，其步調、強度和性質，似乎都不同於我之前見證到的任何事物。變化有時是線性的，但如今「漸進」似乎已經被突然且劇烈的「躍進」取代了。

在這個動盪的時刻，大家似乎很容易漠視我在本章討論的問題（人們的動機是什麼？群體和社會有多麼理性？我們自己的心理會怎麼影響我們的決策？我們怎麼避免「把熟悉的事物視為理所當然」、「二元思考而非統計性思考」的自然傾向？），因為他們覺得這些問題扯得太遠，並不是用來塑造往後數十年光景的真功夫。

但我認為，由於風險實在很高，因此將人類因素納入考慮所帶來的效益，比以往都還要大。**我們生活的時代充滿了嚴重的危險，而且我們的行動會造成嚴重的潛在後果。但我們只要盡可能別被意外事件嚇到，就能夠活得很好。**

結語
勇敢蹚渾水，會比你想的值得

大約四十年前，我跟太太茱蒂一起去巴哈馬度假。我們旅途中來到一個叫做「深水礁」（Deep Water Cay）的地方。我帶了自己的釣竿，跟我小時候在邁阿密海灘用的釣竿和捲線器是同一種。但等我走到水上時，看到有人在做我從未見過的事：他並不是朝著魚拋餌，而是朝著水面上拋出又長又優雅的線圈。

「他在做什麼？」我問我們的導遊。

「他在飛蠅釣。」他回答。

「喔，那你是怎麼釣的？」我問。

他自己帶了一根飛蠅釣竿，於是他借我試試看。從此以後，我再也不用旋式釣竿了。

我無法解釋，為什麼飛蠅釣在過去四十年裡，一直是我生活中如此有收穫的一部分。它幾乎是一種神祕的體驗。對我來說，飛蠅釣是一種藝術形式，光是入門就要花費好幾年，而且我知道自己永遠不可能練到完美。再加上我必須判讀河流，才能弄清楚哪個水池有鱒魚，或是掃視鹹水灘尋找防備心強的北梭魚，讓我有點渾然忘我了。

就跟所有熱衷飛蠅釣的人一樣，我也練習釣後放流——無論我釣到的魚有多少、多麼大尾，都不是最重要的。飛蠅釣本身就是一個世界，隔絕生活中的所有壓力、擔憂與後果。

雖然我很幸運，能夠在許多地方釣魚，但我最喜歡的地方應該是蒙大拿州。或許因為我喜歡它的鄉間景色和水域，以及沿著河畔碎石路散步的感覺。但也或許只是我很久以前就會去那裡，久到我喜愛的河流已經在心中刻出一個特別的位置。

無論理由是什麼，我二十五年前就開始在蒙大拿釣魚，直到最近為止，每個夏天都會去。但是在二〇二一年，蒙大拿遭受到一連串的環境災難（熱浪、來自其他州的野火濃煙、低水位），這是我一九九〇年代初次造訪那裡時難以想像的。上升的水溫開始威脅到鱒魚，有時甚至會殺死牠們。由於水位下降，該州有些著名的河流暫時不再開放釣魚。這種情境，令我想起艾爾．高爾二十五年前在他辦公室提出的警告。對於垂釣者來說（更重要的是，對於許多仰賴垂釣生意的當地人與商家來說），這還真是異常難熬的季節。

而且我害怕那年夏天發生了更重大的事情，這件事情超越了數個月極端天氣所造成的經濟或個人後果。有一次，我跟一位在蒙大拿經營環保團體的朋友談到他們正經歷的災難，環保主義者自然警覺到我們必定將失去多少東西。但即使如此，看到他如此不安，我還是很驚訝。他很想弄清楚蒙大拿是失去了一個夏天，還是失去了更重要、更長久的事物。

事情再怎麼糟，也並非無藥可救

我說，釣魚本身就是一個小世界。但在真實世界中（我們正在應付社會、民主制度、經濟和地球所遇到的挑戰），我們會問一個問題，這個問題令我朋友心力交瘁，因為他考慮到地球上有個特別美麗的地方可能蒙受的損失。我們是否正在經歷短暫的挑戰？或者我們才剛開始陷入惡性循環，跌跌撞撞的迎向無可挽回的大災難？

接著還有一些問題，跟世界的命運比較無關，而是跟我們在世界上的個人地位比較有關。在這麼多不同領域面對如此重大的挑戰，**我們值得努力去參與世事、試著改善世界嗎？**或者我們的機會太渺茫？假如參與世事是值得的，那麼我們應該怎麼參與？

在這個時刻，有許多人擔心我們最好的日子或許已經過去，而衰退是無法阻止的；因此很容易理解，為什麼有些人斷定參與世事沒什麼用。有些人則想掌握令人安心的絕對事物（但少得可憐），並希望遠離不確定性。意識形態的僵化，會在長期導致錯誤的決策，卻能在短期撫慰人心。

我認為，你只要既合理又深思熟慮的審視我們活著的這一刻，應該就會選擇不同的路線。你比以前更有擔心的理由，但這也表示，你有比以前更強烈的理由，以深度、周延、理性、誠實的態度，參與這個世界的問題。

在此刻務實的評估我們面臨的挑戰，絕對不會是太自在的事情。我想不起來我這輩子還有哪些時刻，同時有這麼多不同的生存威脅在危害我們。地球面臨氣候變遷，似乎很可能會深深傷害到人類，而且在極端的情境下，甚至還會終結地球上的生命。世界各地的城市和國家，尚未從新冠肺炎疫情中恢復，就可能要面臨新的變種病毒與流行病。目前擁有核武的國家，以及不久的將來會擁有核武的國家，都增加了核武衝突與恐怖分子取得核武原料的威脅性。全世界的民主制度都受到攻擊。各種可怕的風險，本來似乎離我們很遙遠，如今卻好像煞有其事。

藏在這些生存威脅底下的，是諸多相互關聯的政策挑戰，它們雖然不至於攸關存亡，卻會造成重大的後果。在美國，這份清單包括公共投資、醫療保健、貧窮、貧富差距、種族不平等、財務狀況、K-12教育改革、公共安全，以及刑事司法改革。

人們或許會深切的感覺到這些隱憂，因為美國長久以來在這些方面都表現得非常好。就跟其他許多人一樣，我擔心有些難以言喻卻不可或缺的事物正在消失中——**共同的國家認同感，以及成為美國人的意義（建立在一系列共同志向之上）；願意承認我們過去和現在的錯誤（有時是悲劇）；相信我們能夠攜手改善人民的生活**。

我大半輩子都認為上述這種可能性是很不可思議的。我在二戰後的那幾年長大，美國當時與蘇聯等其他共產國家形成鮮明對比，因為共產國家不但壓迫人民，還讓人民陷入貧窮。柏林圍牆倒塌之後，人們很容易想像美國（無論國家本身、還是它所支持的一系列原則）注定會增加的影響力，並在更繁榮、更幸福安康的「美國世紀」中引領世界。

然而過去二十年來，我認為人們對於美國的傳統看法已經改變了。大家都遠比以前更擔心我們未來的經濟和社會——而這些都是可以理解的。

假如我們所熟知的美國正在凋零，那將會是極大的悲劇——不只是對美國而言，而是對全世界。許多對人類進步有著極大貢獻的概念（強而有效的民主政府、市場經濟、公平且自由的選舉、開放的辯論與自由的表達、支持強大的國際機構等），在美國都獲得最大的支持。即使美國沒有完全實踐它的理想，世界仍因為美國追求這些理想而受益。

長期之下的自私，影響範圍非常大

美國所主張的重大承諾之一，就是「當我們面對史上最大的社會、經濟與國安挑戰時，能夠攜手做出更好的決策」。美國經常沒有實踐這個承諾，但我相信它的表現比歷史上任何一個強權都還要好。所以假如「美國實驗」逐漸消失，你很難想像會有其他更好、更有效的東西能取代它。然而作為一個社會，我們似乎越來越沒有能力去攜手面對巨大挑戰。

不過，就跟大多數的問題一樣，「我們最好的日子已經過去了嗎？」並不是單純的是非題，同樣也是機率問題。根據現有的證據和資訊，我們克服迫切挑戰的可能性有多高？

我確實認為我們對長期成功的展望，已變得更加不確定與複雜。這有一部份是因為規模的關係，我們目前面臨的威脅，顯然比一九九〇年代我在政府任職時更大。

與此同時，許多最該負責設定社會路線的人們，似乎沒有認清這些日漸危險的威脅，或者不願意抱著適當的急迫感來處理它們。

這對於政府與政策制定來說是尤為嚴重的問題，但它不限於這些領域。有太多富裕人士，都意識到許多挑戰的影響範圍已經超出他們個人與職業的圈子（如氣候變遷或貧富差距），但他們的行動跟眼前的重大問題比起來，根本是杯水車薪。在某些情況下，就算這些人有能力做出改變，他們的態度卻是：**這些問題多半只會影響別人，而且也會被別人解決。**

我認為事情不該是這樣。

共同目標感對功能正常的社會來說是必要的，但對於那些在財務上損失最大的人來說，這樣就是「**長期之下的自私**」（借用格斯・李維的說法）。我跟一位有錢的土耳其商人聊過，他說在企業界有許多領袖，無視土耳其傾向威權主義的走向，因為他們基本上認為自己不會嘗到苦果。後來他們許多人對這種態度感到後悔——但已經太遲了。

我怕我們自己的處境會跟美國（或許還有世界上其他已開發民主國家）一樣：目前擁有最多權力和影響力的人，相信自己的權力和影響力，能使自己幾乎不受任何普遍的社會崩潰所影響。等到他們真正內化「我們面臨的危機會影響所有人」這個概念的時候，無論他們多麼有錢或有權力，我們的國家都無法修正路線了。

我擔心我們的共同目標感，在其他重要的方面也正在破裂中。一方面，隨著美國的多元化，有些人似乎想讓時光倒流，而不是將更多人納入美國夢。他們沒有好好反省過去和現在的失敗（從奴隸制度開始，一直持續到現在，經濟和種族方面的不平等深深傷害了美國），反而無視我們社會過去的弊病、惡化現在的弊病。更危險的是，許多人似乎願意放棄，甚至破壞民主規範與制度，只為了達成他們的目標。這股力量從根本上違反了美國的立場，以及我們所有人的利益，無論社會上或經濟上。

與此同時，我擔心其他人雖然對進步的步調感到失望（這很正常），卻沒有充分體認到，我國已經大幅縮小了「口頭支持」與「身體力行」之間的差距。我出生的時候，社會安全局才剛成立三年，而且大約有一半的勞工（有些部門僱用了大量的非裔美國人）沒資格領它的福利。當時沒有醫療保險或醫療補助，如前文所提，我是在種族隔離的公立學校受教育的。我從法學院畢業那一年，民權法案才剛正式通過。

成長中的經濟（以及「經濟成長將會造福所有人，而不只是頂端的人」的概念），不但使人們對他們的未來有信心，並且還對國家認同感和光榮感有所貢獻。在我一生中，我們在這些領域也有重大進步。我出生時，中等家庭的所得大概是每年一千兩百二十五美元，換算成現在是兩萬六千美元。我活到目前為止，這個數字即使按照通貨膨脹來調整，也還是變成了將近三倍。預期壽命增加了十二年以上，這多虧了醫療保健與藥物的進步。我大學畢業那年，六〇%的美國成人都沒有高中學歷。如今擁有高中學歷的美國人已超過九〇%，而且大學畢業生的百分比增加了將近五倍。

我認為我大半輩子中，美國的國家認同受到「經濟團結感」所鼓舞，這是一種信念（而且有證據證實）：「**假如整個國家的境況更好，那麼它的大多數人民也會過得更好。**」這個信念某種程度來說仍然是對的，而且假如我們的人民想要繼續提升生活水準，那麼經濟成長依然是必要的。但光成長是不夠的，擴大的貧富差距意味著美國近來整體經濟的成功，只有極小比例的美國人能享受到。

毫不意外的，最近數十年出生的民眾當中，有許多人都聚焦於「美國實驗」的諸多失敗。但假如我們大多數比較早出生的人，沒有深切意識到「美國實驗」的諸多成功，那就太令人意外了。

意見與觀點的差異，應該要幫助我們做出更好的集體決策。然而如今不分世代、政黨與地理，我們對於美國所代表的價值觀都很難有共同的認知，甚至連最粗略的認知都沒有。我們似乎不可能有共識，或者好好討論基本問題——成為美國人的意義是什麼？我們怎麼修復或改善我們的社會？

我們面對的危險，讓我們禁不起不明智的抉擇。然而在各式各樣的領域，抉擇的流程都比數十年前還糟糕很多。

換言之，雖然我不認為有任何人能極為精準的判斷機率，但「我們既收復失去的事物，又保護我們的民主、國家與地球」的機率，似乎已經大幅減少。理性上來說，我真的不知道該怎麼重返榮耀。

但無論理由是什麼，我一直都相信，我們總是有辦法可以辦到。

本書一再提到的：機率，與理性的重要

由於這輩子都在嘗試機率性思考，因此我承認，我對事情發展的想法或許會很矛盾。它確實很矛盾，但我的感覺就是這樣。我猜這種感覺有一部份源自我的思路。在某些心理層面，我必須參與大問題與複雜的議題。我猜我的思路也認為，我們會在這些議題上，會找到建設性的邁進之道。

況且我認為，對於我們國家、社會或地球的未來，太有信心的話就是一種不理性，但絕望也是不理性的。「我們死定了！」就是其中一個「太有信心」的看法。

從貫串本書的討論就可看出，美國相對於其他國家依然有巨大的優勢。假如我們能維持我們的強項，同時重建政治的功能，我們就能為接下來數年、數十年打下非常扎實的基礎。我也見證過「明智政策」和「正面結果」之間的強烈相關性。隨便舉個例子：一九七○年代初期，時任美國總統林登·詹森（Lyndon Johnson）實施「偉大社會」（Great Society）計畫之後，貧窮率降到了歷史新低。

一九九○年代我在政府任職時，也看過明智的政策幫助數百萬人脫貧，對於成長與生產力貢獻良多，改善我們長期的財政軌跡，以及大幅提升人民的生活水準。至於更近期的例子，就是兒童稅收抵免的範圍在二○二一年擴大，使得兒童貧窮率大幅降低——但很悲慘的是，當範圍縮回去之後，這個數字又大幅提高。

意料之外的發展確實可能發生，而且抱持好意的人也可能做出有瑕疵的決策。但「好決策」和「正面結果」之間仍然有因果關係。這是至關重要的。克服我們面臨的諸多挑戰，雖然並不容易，但我們有潛力大幅改善我們的處境，包括經濟成長、貧富差距、貧困與氣候變遷等議題。

年輕世代對這些共同目標的想法，似乎也不同於我和我同儕年輕的時候。我跟大學生或剛畢業的人談話時，非常訝異他們花了許多時間，思考和擔憂全面性的議題，而且他們對這些議題抱持著既強烈又有根據的急迫感（我們長期以來都以為年輕人很冷漠，結果被狠狠打了臉）。強烈的共同目標感，如果能結合「致力於以證據為基礎的推論，並且為了更廣大的目標願意做出取捨」，就能大幅改善我們的政策制定流程、政治體系和國家。

此外還有一件振奮人心的事：在許多重要的方面，美國承諾照顧的對象都比我小時候還多。我小時候的生長環境，只要不是白人男性，無論他們的才華、職業道德或潛力如何，在美國生活各方面都會受到嚴重排擠。現在這種狀況已經少了許多。

我並不想誇大我們在這些方面的進步。貧富差距、貧困、種族歧視與性別歧視、有心與無心的偏見，諸如此類的事情仍然是美國社會的嚴重問題。出生於貧困家庭的小孩，無論種族為何，他們的前途在某些重要的方面，都比過去數十年更糟糕，而沒有更好。

但這個世界也有好的改變，是我們數十年前無法想像的。整體來說，我認為我們的社會，正是因為這些持續中的改變，而顯然變得更好。只要美國努力讓所有人民都完全發揮其潛力，我們所有人就越能夠因為他們的貢獻而受益（否則他們不會有所貢獻）。

至於辦到這件事的最佳做法是什麼，仍有待討論和辯論，但努力是值得的。如果成功的話，美國（乃至於全世界）的經濟和人民將會得到更廣大、更有意義的利益，進而提升社會凝聚力。

讓更多人有機會完全發揮潛力，也能改善我們的決策。擴大可能性（下個世代的決策或許會比目前更好）就能給人希望。雖然我們面臨各式各樣的挑戰，但我們在二十一世紀究竟會成功還是俯首稱臣，多半取決於我們的抉擇。假如我們的抉擇不重要，那就真的沒什麼理由參與一切了。**但我們的抉擇真的很重要，我這輩子已經看過好幾個例子。**

勇敢蹚渾水，會比你想的值得

我回想起六十多年前，我在拉斐爾・德摩斯的哲學導論課中學到（或至少開始領悟到）的大道理。

如果沒有事情是絕對確定的，一切都是機率問題，那麼我們就總是有理由參與一切。只要努力應付這個世界的複雜度，並試著更有效的思考事情，我們就能做出更好的決策。只要改善思考的成效，數十年之後就能夠改變你的人生——也能改變別人的人生。

我不會宣稱自己知道，我們有多大的機會能克服最迫切的威脅。但我確實知道，假如有更多人在某些方面犧牲奉獻以克服這些威脅——假如我們不將世界面臨的挑戰當成別人的問題，不再指望別人解決它們，而是自己深入且周延的參與它們，這樣對社會來說將會是一大利多。

「增加人性的期望值」這句話聽起來沒什麼號召力，但它或許是最重大的任務，而且我們每個人都可以參與。沒有人能夠拯救世界，但我們每個人都可以試著讓世界的機運變好。

我在本書中已經提出許多問題，就連機率性方法都無法明確的解答。但是到頭來，機率性思考應該能夠澄清一個大哉問：關心你生活的社會，以嚴肅的態度參與社會所面對的問題，並且試圖改變自己以外的世界，這麼做值得嗎？

我的答案是十分肯定的。

致謝

某些方面來說，本書自己就是一種致謝，一種表達我對所有人感激之情的方式：柯林斯太太、拉斐爾・德摩斯、格斯・李維、柯林頓總統，以及其他許多人。他們形塑了我的人生、我的思考方式，或兩者皆有。話雖如此，還有許多人參與和支持這本書、讓它成真，因此我想要在下面幾頁感謝他們。

大衛・阿克塞爾羅德（David Axelrod）、希薇亞・馬修斯・伯威爾、大衛・德雷爾、德魯・福斯特、艾力克斯・李維（Alex Levy）、金・修恩霍爾茲（Kim Schoenholtz）、勞倫斯・薩默斯、克里斯・韋根（Chris Wiegand）都讀過整本草稿或其中重要的部分，有時還不只一次。他們提供了許多有幫助的回饋，形塑了本書的最終成品，而且他們都非常樂意（或至少願意）參與我的問題，並幫助我徹底思考重要的文字段落。

迪莉亞・科恩、凱文・唐尼（Kevin Downey）、鮑伯・弗里曼、史蒂夫・傅利曼、麥可・格林史東（Michael Greenstone）、理察・哈斯、麥可・赫爾弗（Michael Helfer）、鮑伯・卡茲（Bob Katz）、維克拉姆・潘迪特、查爾斯・普林斯、夏迪德・華勒斯—史戴普特讀過幾個章節，或是幾個章節的重要段落，並提供了見解和細節。他們的意見和想法，加深了我對複雜議題的理解，而他們的回憶也使我自己的回憶更清晰。

喬安・麥格拉斯（Joann McGrath），我二十四年來的行政助理，為本書以及我其他所有事務提供了寶貴的協助。

幾年前我剛開始投入這個企劃的時候，我希望它（以及其他的一切）會是一場智識的旅程——一個接觸新概念的機會，即使我分享的概念當中，有許多是我花了將近八十年的歲月才發展出來的。我還要特別感謝這場旅程中的夥伴：

身為合作對象，大衛・利特（David Litt）的寫作和思考，幫助我將一輩子的想法組織成章節和段落，他還協助我琢磨我的看法，讓我表達得更為精準。

我很幸運能與米根・普魯蒂（Meeghan Prunty）共事二十三年，她貢獻了自己的細膩眼光、數十年的政策和政治經驗，以及她對本書議題與其作者的理解。

我的幕僚長查理・蘭道（Charley Landow）是驅動本書向前邁進的引擎，他身為顧問與專案經理的能力，在本書每一頁都顯而易見。

雅各布・韋斯伯格（Jacob Weisberg）是我第一本作品的共同作者，他提供了編輯方面的指南、優秀的判斷，以及他無與倫比的能力，為這本新書找到正確的字眼。

羅金・科恩（Rodgin Cohen）、史蒂芬・庫克（Steven Cook）、山繆・伊薩查洛夫（Samuel Issacharoff）、賴瑞・卡茲（Larry Katz）、梅麗莎・科爾尼（Melissa Kearney）、金俊（Joon Kim）、喬許・科蘭齊克（Josh Kurlantzick）、琳達・羅伯森（Linda Robertson），在特定的事實問題上提供了專業的知識；安迪・楊（Andy Young）擔任我們整份草稿的事實查證者；伊麗莎・艾德爾斯坦（Eliza Edelstein）、切爾西・格雷（Chelsea

Grey）、安娜・洛文塔爾（Anna Lowenthal）、丹尼爾・亞丁（Daniel Yadin）提供了額外的編輯協助，令我非常感激。

我也十分感謝將本書從構想化為現實的團隊，首先感謝傳奇人物鮑伯・巴內特（Bob Barnett）和他的同事艾蜜莉・奧爾登（Emily Alden）。從流程一開始，我就清楚知道我想跟哪位編輯合作：安・戈多夫（Ann Godoff）。本書因為她的遠見、鼓勵和深思熟慮的批評，在許多方面都獲得改善。資深編輯威爾・海沃德（Will Heyward）針對全文提出了詳細且敏銳的意見。

企鵝出版社（Penguin）的團隊——利茲・卡拉馬里（Liz Calamari）、凱西・丹尼斯（Casey Denis）、特倫特・達菲（Trent Duffy）、維多利亞・洛佩茲（Victoria Lopez）、丹妮爾・普拉夫斯基（Danielle Plafsky），協助引導我度過出版和宣傳流程，將本書送到讀者手中。此外也感謝施里夫・威廉斯出版社（Shreve Williams）的伊麗莎白・施里夫（Elizabeth Shreve）。

雖然我認為學習新東西永遠不嫌晚，但網頁設計可不算在內，所以我想感謝莉・懷汀（Leigh Whiting）設計了www.robertrubin.com。

最重要的是，我要感謝我的家人：先感謝我最棒的兒子傑米（Jamie）和菲利普（Philip），以及我最棒的媳婦葛蕾琴（Gretchen）和蘿倫（Lauren）。我也想感謝我的孫子女伊萊莎、艾莉諾、亨利、米莉。跟他們相處的時光一直都是我人生中的重要部分。

最後，我想感謝我的太太茱蒂，她讀完了草稿，並提供許多周到的建議，以及委婉卻堅定的修正。如果沒有她，我就不會成為現在的我，我的人生也會大不相同。我們已經結婚超過六十年了——這又更加證明（如果有必要的話），明智的決策，將會獲得非常持久的正面結果。

國家圖書館出版品預行編目（CIP）資料

蹚渾水的理由：前高盛董事長魯賓回憶錄：沒把握的事，如何做有把握的決定。／羅伯特・魯賓（Robert Rubin）著；廖桓偉譯. -- 初版. -- 臺北市：大是文化有限公司，2023.9
304 面；17×23 公分. --（Biz；434）
譯自：The Yellow Pad: Making Better Decisions in an Uncertain World
ISBN 978-626-7328-44-6（平裝）

1. CST：決策管理　2. CST：危機管理

494.1　　112009932

Biz 434

蹚渾水的理由

前高盛董事長魯賓回憶錄：沒把握的事，如何做有把握的決定。

作　　者／羅伯特・魯賓（Robert Rubin）
譯　　者／廖桓偉
責任編輯／楊　皓
校對編輯／連珮祺
美術編輯／林彥君
副 主 編／馬祥芬
副總編輯／顏惠君
總 編 輯／吳依瑋
發 行 人／徐仲秋
會計助理／李秀娟
會　　計／許鳳雪
版權主任／劉宗德
版權經理／郝麗珍
行銷企劃／徐千晴
業務專員／馬絮盈、留婉茹
業務經理／林裕安
總 經 理／陳絜吾

出 版 者／大是文化有限公司
臺北市 100 衡陽路 7 號 8 樓
編輯部電話：（02）23757911
購書相關諮詢請洽：（02）23757911 分機 122
24 小時讀者服務傳真：（02）23756999
讀者服務 E-mail：dscsms28@gmail.com
郵政劃撥帳號：19983366　戶名：大是文化有限公司

法律顧問／永然聯合法律事務所
香港發行／豐達出版發行有限公司 Rich Publishing & Distribution Ltd
地址：香港柴灣永泰道 70 號柴灣工業城第 2 期 1805 室
Unit 1805, Ph.2, Chai Wan Ind City, 70 Wing Tai Rd, Chai Wan, Hong Kong
電話：21726513　傳真：21724355
E-mail：cary@subseasy.com.hk

封面設計／林雯瑛　內頁排版／王信中
印　　刷／鴻霖印刷傳媒股份有限公司

出版日期／ 2023 年 9 月　初版
定　　價／新臺幣 480 元（缺頁或裝訂錯誤的書，請寄回更換）
I S B N ／ 978-626-7328-44-6
電子書 ISBN ／ 9786267328422（PDF）
9786267328439（EPUB）